ローカルラジオスター

ヒロ寺平★おだしずえ★YASU★樹根
中島浩二★高橋なんぐ★ロジャー大葉★杉作J太郎

ラジオ番組表 編

三才ブックス

ON AIR

はじめに

ラジオ業界、そしてラジオリスナーにとって、4月と10月は特別な月である。馴染みの番組が終わり、そして新しい番組が始まる「改編」の月。三才ブックスでは4月と10月の年2回「ラジオ番組表」という雑誌を30年以上にわたり発行している。全国のAM、FM局（そしてラジオＮＩＫＫＥＩ、ｉ－ｄｉｏも）の最新タイムテーブルのほか、改編によってスタートしたラジオの新番組情報がおもな内容だ。

この雑誌を作っていていつも思うのが、47都道府県で、毎回毎回よくぞこれだけの人材をラジオパーソナリティとして確保できているな、ということ。毎週1時間なら1時間、トークや時には音楽で自分を表現し、リスナーたちを惹きつけているのだから、我々一般人からすれば、それだけでもうすごい才能である。

そんなすごい人たちの集まりであるラジオパーソナリティの中でも、何度となく改編の荒波を越えた強者が存在する。何年も続くというのは、つまりそれだけ多くのリスナーに深く支持されているということ。そんな「ラジオスター」が各地に、まるで戦国大名のように点在しているのだ。

そして、そんなスターは他地域の人からすれば（大変失礼ながら）「誰？」という存在である。魅力ある〝パーソナリティ〟であることはまず間違いないのにもかかわらず、存在さえも知られていないなんて、こんなにもったいない話はない。「ｒａｄｉｋｏプレミアム」が普及し誰でも容易に聞けるようになった今だとなおさらだ。

本書では「東京」「キー局」「全国ネット」とはまた違ったところで活躍されている8名のパーソナリティ／ディスクジョッキーにご登場いただいた「ラジオスター」たちである。雑誌の小さな記事では伝わりきらない、ルーツ、素顔、人生観、仕事への取り組み方、そして地方やラジオへの思いをインタビュー取材でたっぷりと語ってもらい、それをラジオ番組のような「ひとり語り」で構成した。

それぞれの番組はもちろん、ラジオ自体が、これまでとはまた違った味わいで楽しむことができるようになれば、幸いである。

ラジオ番組表 編集部

ローカルラジオスター

002
はじめに

006
北海道地区
YASU
カーナビラジオ 午後一番!
HBCラジオ

056
関東甲信越地区
高橋なんぐ
高橋なんぐの金曜天国
BSN新潟放送

030
東北地区
ロジャー大葉
ロジャー大葉のラジオな気分
TBCラジオ

082
東海地区
樹根
満開ラジオ 樹根爛漫
SBS静岡放送

CONTENTS

132
中国地区
おだしずえ
おひるーな
RCCラジオ

104
近畿地区
ヒロ寺平
HIRO T'S AMUSIC MORNING
FM COCOLO

184
九州地区
中島浩二
MORNING JAM
FM福岡

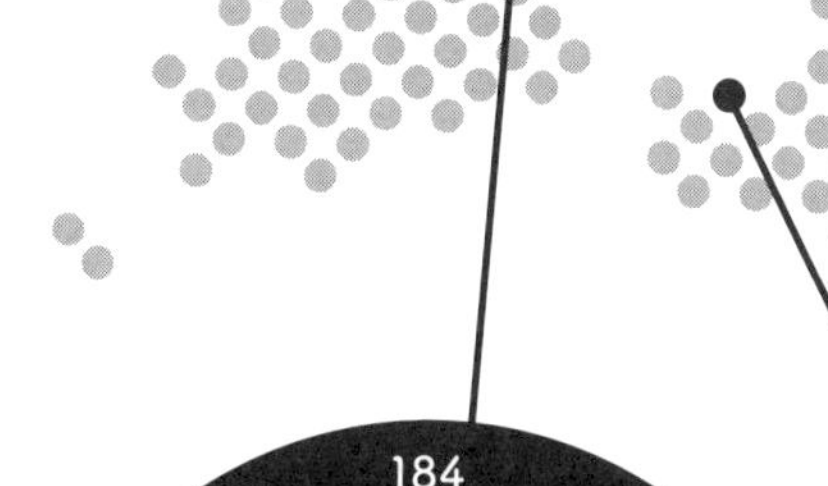

156
四国地区
杉作J太郎
痛快！ 杉作J太郎のどっきりナイト7
南海放送

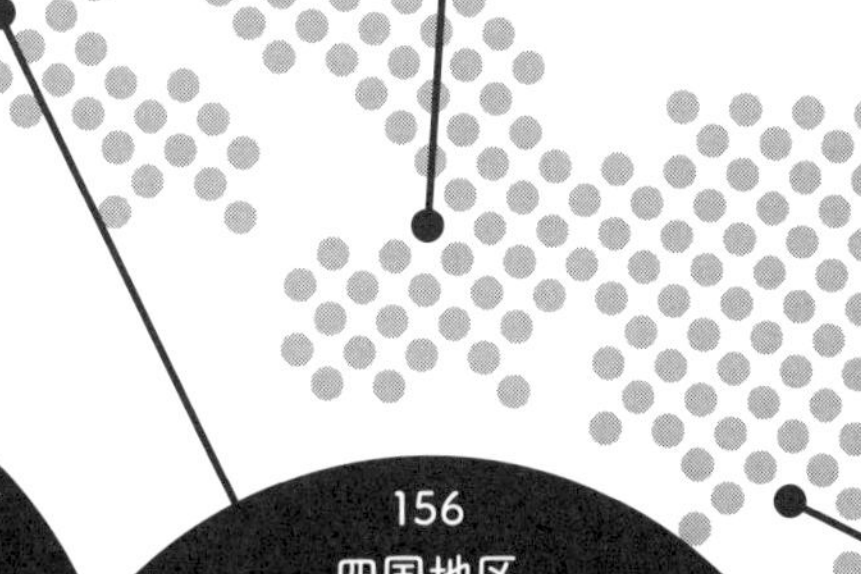

写真／上野 準

かくありき

#1 北海道地区

YASU

HBCラジオ
カーナビラジオ 午後一番!

ON AIR 月～金曜 12時～16時

北海道で人気ナンバー1ラジオといえば多くの人が口をそろえるのがHBCラジオ「カーナビラジオ午後一番!」。そのメインパーソナリティを務めるのがYASUである。今では誰もが認める人気番組だが、10数年前までHBCの昼ワイドは長年ナンバー2の存在。ナンバー1に押し上げるまでのラジオ人生を振り返ってもらった。

Cue sheet

TIME		内容	進行
1960		OP	群馬県伊勢崎市に生まれる
1978		学生時代	学生時代東京の大学に進学
1986		社会人	社会人「ストリート・ダンサー」のVo.としてデビュー
1987	M1		HBCラジオ初レギュラー「真夜中ラジオ組」
1990		移住	北海道へ。結婚、その後、2子をもうける
1995	M2		「横丁ラジオ」レポーター
1996	M3	カーナビ時代	「カーナビラジオ」開始
2006	M4		「カーナビラジオ」同時間で聴取率1位奪取
2007	M5		大森俊治が中継レポーターに
2009			山根あゆみがアシスタントに
2015			放送5,000回達成(8月28日)
2019			金子智也が新加入

人気ワイド、

M1

ラジオデビュー

デビュー当時からラジオに出演

いまでは「ザ・北海道のおじさん」を地で行くYASUだが、生まれは群馬県伊勢崎市。大学進学にあわせて上京、そのまま東京でプロのミュージシャンとなった。ラジオとの関わりはデビュー当時からあったという。

「ストリートダンサー」というアマチュアバンドをやっていたんですけど、僕らが使っていた渋谷のスタジオ近くに横浜銀蠅の事務所があって、たまたまスタジオに来ていた嵐【★1】さんの目に留まってプロになりました。

その後、「サイテー男にご用心」という楽曲でデビューしたんですけど、(明石家)さんまさんが出演するスクーター(スズキHi)のCMソングに採用されました。ちょっとC調な曲で、〝新しいクレージーキャッツ〟みたいなキャッチコピーが付いてましたね。

ちなみにバンドとしての最後の曲は「だから帰らない」という曲で、「ねるとん紅鯨団」のエンディングに使われました。とはいえ、結果から言うとバンドとしてはあまり売れなかった

★1 嵐ヨシユキ。横浜銀蠅ではドラムを担当

んです（笑）。当時って、いま以上にバンドのフロントマンとラジオとの関わりが深かった。サンプラザ中野さんとか、バンドのMC担当がラジオの深夜番組で若者に浸透する感じで、そこから人気が出て認知されていく流れがまだあったんです。

事務所の社長である嵐さんはいい人なんですけど、わりと乱暴なところがあって（笑）、ローカル局にゲストとして呼ばれたときにも「とにかくメインのパーソナリティを食え」「あそこに座りたかったら座ってるやつをどかさなければならない」と言うんです。「これは戦いだ！」と。ゲストのほうが面白いんじゃないの？って思わせればレギュラーを奪える、という持論の持ち主でした。いまにして思えば間違っている部分もあるように思うんですが（笑）、当時の僕にはなんの技術もないので、ただストロングにダーッとしゃべり続けるという初心者っぽいことをやるしかありませんでした。

「ミッドナイト東海」【★2】にゲストで呼ばれたときにも、いつものようにワーワーやっていたんです。そうしたらちょっと目についたんでしょうね。オーディション目的みたいな番組に呼んでもらって、またワーワーやったら次の改編で2時間の生放送を持たせてもらうことになりました【★3】。

デビューが26歳だったんですがほどなくでした。いきなり2時間の生放送。さすがに東海ラジオも心配してくれたのか、地元のパーソナリティである中神滋斗さんという宮地（佑紀生）

★2 東海ラジオで放送されていた深夜の生放送
★3「とびっきりNiGHT」（東海ラジオ 1986年6月-1986年9月）

さんのお弟子さんを付けてくれました。彼がフォローしてくれる形で。別番組も含めて2年くらい毎週名古屋まで新幹線で通っていました。

北海道、HBCとの深い縁

僕がデビューした86年当時、毎年6月ぐらいにHBCがレコード新人祭をやっていました。その年にデビューした新人をみんな集めて、観光バスみたいなクルマに乗せて札幌で何か所か、さらに岩見沢まで行ったりしてイベントをやるんです。86年デビュー組で一緒にバスに乗ってたのが、西村知美ちゃんとか山瀬まみちゃんとか、ほとんどアイドルの女の子。男は3組だけで、僕らのバンドと徳永英明さんとあとひとり、ヌンチャクをやりながら歌う男性歌手（笑）。あとはそれぞれのマネージャーとで20人ぐらい乗ってて、バスで移動しているわけですけど、そこで嵐さんが耳打ちしてくるんです。「YASU、前へ行ってなんかやってこい」って。「みんな退屈してるだろ」と言うんです（笑）。

みんな退屈してるんじゃなくて、明らかに疲れてるだけなんですけど（笑）。ステージとステージの間に移動してるんで、みんな休みたいんですよ。疲れ切った業界人ばかりが乗る中、僕とキーボードのコウジ【★4】とふたりで前に出ていって、ガイドさんのマイクで「みなさんお疲れさまです！」って始めて（笑）。「じゃあこっちの列とこっちの列でしりとり歌合戦しま

★4 粋成浩児。現在、福島を中心に活動、郡山コミュニティ放送・KOCOラジでパーソナリティを務める

しょう!」とかって。最初は「え?」とか言われたんですけど、だんだん盛り上がってくるものなんです(笑)。

本番のライブでの嵐さんの指令は「HBCのディレクターにアピールしろ!」でした。中島公園に野外音楽堂のステージがあって、そこでライブをしたときなんですが、いわゆるカメラ小僧がバーッて集まってるんです。もちろん僕たちは眼中になくて、アイドルが目当て。僕らがステージに上がるとカメラを片付け始めてる(笑)。そんな中に出て行ってジャーンと演奏を始めたら、いきなりバチン! と電源が落ちちゃった。電源が落ちたらロックバンドは完全にアウトですから、スタッフもアタフタしはじめて「確認します!」ってどっか行ってしまう。でもそこで〝何もしない〟という選択肢は、嵐さんの事務所に所属する我々としてはありえないんです(笑)。マイクも使えないので、地声で「カメラ小僧集合! 俺らがポーズ取ってやっから好きに撮影しろ!」って呼びかけて、撮影会スタートですよ(笑)。そうしているうちに照明が点いて、じゃあもう一回やるわ、ってジャーンってやったらまた電気が落ちた。でまた「集合!」ですよ。たしか合計3回落ちたんですけど、その都度そうやって繋いでたら、演奏や歌よりもそっちのほうが印象に残ったらしいんですね(笑)。そのとき「雪まつりを見たことないんで、冬にまた呼んでくれたら今度は短パンとタンクトップでライブします」って宣言したら本当に呼んでくれて。大雪像をバックに短パンで演りましたよ。指がかじかんじゃって（笑）。まあそうやってＨＢＣに認知されるようになりました。
ＨＢＣでの最初のレギュラーは「真夜中らじお組」【★5】という深夜12時台の番組でした。まだ景気が良かった時代で、全日空のチケットを東でもらって東京から毎週通ってました。その時東京から呼ばれてたパーソナリティのひとりにＹＯＵちゃんがいて、よく羽田でＹＯＵちゃんと入れ違いに「これから行ってくる」とか挨拶してましたね。僕は東海ラジオと並行してやってまして、週イチで名古屋と北海道に通ってたんです。そうこうしているうちにＴＢＳテレビの「土曜深夜族」【★6】が始まって、文化放送では公開録音の番組もあったので、かなり多忙でした。

M2

レポーター時代

「モノ言う」中継レポーター

人気を博した及出泰の「真夜中らじお組」（水曜）は「タテノリライブパーティー」と番組名を変え、92年まで放送を続ける。芸名を現在のYASUに改め、95年には家族とともに札幌へ移住。現在担当する「カーナビラジオ」の前身番組である「横丁ラジオ」のレポーターを96年まで務めた。しかし、当時の北海道はSTVラジオのダントツ一強時代。どうやっても勝てない状況に、局内にはあきらめムードすら漂っていたと言う。

★5 1987年4月～1989年3月。水曜24時～24時30分に放送。及出泰（おいで・やす）名義
★6 「SUPER WEEKEND LIVE 土曜深夜族」（TBSテレビ、1988-1989）。第二部に出演（横浜銀蝿の翔や、FMヨコハマのDJでおなじみのイクラちゃんらも出演していた）

いまだからぶっちゃけますけど、僕のところに（カーナビラジオのメインMCという話が）回ってきたのは、まさに〝僕だから〟なんです。長年、STVラジオには何をどうやっても太刀打ちできなかった。アナウンサーを変えても、枠を変えても、コーナーを変えてもダメ。「横丁ラジオ」では中継リポーターをやってたんですけど、中継を担当することになった前の年に移住して、同じタイミングで家庭を持ったわけです。どうしてもこの仕事を死守しなくちゃならない、絶対に手離しちゃいけない、という思いで、なんとしてでも番組を存続させたいと考えていました。

中継リポーターって番組では一番下っ端じゃないですか。でも僕もまだ若かったから、中継から帰ってきては、番組に対する意見を言い続けてたんですよね。「いろいろ改善したほうがいい！」って。さらには僕が言い出しっぺで「番組をおもしろくするために会議をしましょう」と提案までしました。しかも、普通に会議をしたのでは時間ばかり食うので、事前にレポートを出してもらって、番組を面白くするための方法とか、しゃべり手の改善点、いいところ悪いところを書いて提出しましょうと持ちかけたんです、出演者・スタッフを含めて10人くらいに。結果、書いてきたのは僕だけでした（笑）。中継ディレクターが慌ててその場で書いたりしてましたけどね。

ちなみに何年後か、僕が書いたものを見返したら「よくこんなこと書いて配ったもんだな」と思うような辛辣なことが書き連ねてありました。まあでも、それだけ必死だったんです。

北海道に来る前のやりかたでいちばん悔やんでいたのが「現場の楽しさを最優先させた」ことだったんですよ。ディレクターに言われるがままに「それおもしろいですね、やりましょう!」と素直に従うことが仕事につながると思っていた。で、結果として番組がなくなっていった。改善点がわかっていても、心の中にしまっていたんです。で、当時の僕はもう背水の陣で北海道に越してきてたので、「もういいや。他の仕事でもいいから見つけて、北海道でやっていこう。でも幸運にもHBCラジオから仕事を振ってもらったんだから、遠慮することだけはやめよう、思ってることを全部言おう」と誓ったんです。

当時はラジオはこれで最後、ダメだったらもうないと考えてました。ほんとに瀬戸際の瀬戸際でここまで来たから、ちょっと言わせてくれと。東京で1回も言えなかったことを北海道に来て急に言うようになったんです。でも結局「横丁ラジオ」はうまく回らないまま終了となりました。

あとから聞いたら「横丁ラジオ」の後番組のパーソナリティ候補が5人くらいいて、アナウンサーら4人に加えて5番目に僕の名前が上がっていました。「あんだけ毎日文句言ってるんだからあいつにやらせてみればいいべ」ってなったらしくて(笑)。それでとりあえず3か月やらせてみようというところから「カーナビラジオ」はスタートしたんです。僕は「(メインパーソナリティは)ヤだ」って言ったんですけどね。中継リポーターのままなら番組が変わっ

オンエア上の決まりごとなど入念にチェック。

ても続けられるじゃないですか？　メインになると責任を取らなきゃいけない。ほんとにセコい話なんですけど（笑）。

でも「もう決まってるから！」って言われてスタートしました。ＨＢＣの社員はひとりもいなくて、出演者全員がフリーの人間。３か月やってダメなら終わるというお試し番組。そこからは3か月を半年、1年と続けるための戦いでしたね。だからほんとひどかったですよ、現場はギスギス（笑）。こっちは瀬戸際だから思ってることをぜんぶ言って、相方の女性パーソナリティ【★7】なんてしょっちゅう泣いてましたからね。でも無茶を言っていたわけじゃない。ほんとに自分の信じていることを全部言おうと思ってやっていたんです。

★7 田村美香。「カーナビラジオ」には番組開始～2009年まで出演

M3

カーナビ創成期

ラジオパーソナリティの鉄則とは

YASUにはラジオパーソナリティとして大事にしていることがふたつあるという。ひとつは〝卑下しないこと〟、もうひとつは〝同調しないこと〟。番組を担当していくうちに自然と身についた鉄則である。

〝卑下しない〟というのは、第一線でトークを仕事にしてらっしゃる方はみなさんそうなんです。例えば明石家さんまさんは「俺はダメだけどな」みたいなことは絶対に言わない。これは所さんにしても爆笑問題にしてもそうなんです。卑下するのがなぜダメかと言うと、「私なんか」「俺なんか」って言われちゃうと、会話のキャッチボールのとき、こっちが攻められない。逆にたとえばいまの相方の山根【★8】が「私、田舎者なので」と言ってしまうとダメなんです。逆に「私、ぜんぜん田舎者じゃないです。倶知安は都会ですよ！」と言えば言うほど、こちらは攻めていける。「どこが都会なんだよ！　川の水で風呂炊いてるんじゃないの⁉」ってどんどん会話が積み上がっていく。卑下されると突っ込めないし広がらないんですよね。

僕自身の場合だと「もうおじさんだから」なんて言っちゃうと、そこで話が終わっちゃう。

★8 山根あゆみ。HBCには2004年入社。北海道虻田郡倶知安町出身

だから「歳とか気にしたことない。おじさんってのはダジャレを言うものだろ、俺は言わないもん」とか言う。そうすると相手が攻めやすくなるし、こちらも反論できる。それで会話が積み上がっていくんです。

〝同調しない〟のも同じ理由です。昔はアナウンサーとパーソナリティって同じ職業だと思ってたんですよね。でも実際は全く別モノで、アナウンサーは同調するように訓練されているんです。たとえばゲストを迎えたとき、ゲストが「コーヒーが好きなんです」って言うと、アナウンサーは「いいですね、私も好きです」と同調する。ちょっと慣れてくると同調してそこを発展させていく。「私、ブラジルの○○っていう銘柄が好きで」とか。これ、一見すると話が積み上がってるみたいですけど、僕の感覚では積み上がってなくて、同じ粘土をこねくり回してるだけです。

ここで同調しないようにするなら「コーヒーのどこがいいの？　日本茶のほうがぜんぜんいいじゃん」と返す。相手が「どうして？」と尋ねてきたら「だって日本人だろー」などと積み上がっていく。それに反論して「コーヒーは眠気が覚めてシャキッとなる」と来れば、「日本茶のほうがカフェインが多い」と返せる。同調しないことによって、コーヒーと日本茶、それぞれの良さを言い合う展開にできるんです。

「カーナビラジオ」が始まったときの相方だった田村美香ちゃんはもともとアナウンサー出身

で、同調する教育を受けていたんです。だから僕は一番始めにそのふたつ、卑下しない、同調しないことを伝えました。北海道弁が出てしまっても「訛ってません！」と答えろと。そっちのほうがずっとおもしろいわけですから。

現アシスタントの山根にも、最初にこのふたつを教えました。山根はアナウンサーではなく元営業マンですから、いちばん危険なのは「営業マンなのでラジオはわかんなくて……」などと自分を卑下することなんです。だから「小さいときから畑作業のかたわらずっと聞いてましたので、ラジオのことは全部わかってます！」とか言えよ、と言ってきました。そうすると僕も「なんにもわかってねーじゃん！」と言えるわけです。卑下してる相手にそんなこと言ったらただのいじめやパワハラになっちゃいますからね。

これ、普段の生活でやっていたらケンカになるんですけど（笑）、でもこういう観点で東京のテレビやラジオを見聞きしたらほぼ当てはまる。当てはまらない人もいるけど、そういう人は別のすごいモノを持ってるんです。過剰なくらい同調するとか、ヨイショのパワーがすごいとか。

そういう僕も最初はまったくのシロウトでしたから、〝マシンガントーク〟って言えばかっこいいですが、ただダーッとしゃべってるだけでした。ＴＢＳラジオをやっていたときなんですけど【★9】、放送作家のはたせいじゅんさんという方がいらして、教わったのが「テンシ

★9 番組名は『青春トンガリ塾』

アシスタントの山根あゆみはHBCの元ラジオ営業部の社員という変わり種。
コンビ歴も10年となり2人の掛け合いにも磨きがかかった。

ヨンがずっと高いのはずっと低いのと同じだ」ということでした。ハイテンションでとにかくしゃべりまくるスタイルだと〝やった感〟はあるんですよ。自分なりに満足というか。でもそれじゃダメなんです。「バンドでも、ずっとアップテンポの曲ばかりやってたら疲れるだろう？　バラードやったりミディアムやったりしてテンポを変えるだろう？」って指摘されて腑に落ちた。

　とはいえ、いざ実際に話し方を変えようとしても難しいんです。テンポを落としても、テンションまで落ちちゃって、単なるだるい感じのトークになってしまう。テンポを落としつつテンションを保つとか、声を落としてコソコソ話す面白さがあることにようやく気づいて、そこから変わりましたね。〝同調しない〟というのも、どっかのディレクターに言われたことがあって、そのときは意味がわからなかったんですけど、だんだん気づいたんですよね。同調してると話に花が咲いてる感覚はあるんですけど、じつは大した話をしていなかったなと。いまとなっては、同調した〝仲良しトーク〟は気持ち悪くてできないです。なんでこの人くっついてくるんだろう、離れてくれよって（笑）。

M5

理想に向けて

自分が聴きたいラジオをやるべきだ

中継レポーターからメインMCに抜擢されたYASUだが、当初の「カーナビラジオ」は「47歳の営業車に乗っているサラリーマン」というリスナーイメージが用意されていたそうだ。しかしYASUは「リスナーなんていろんな人がいる。特定のイメージをもって挑むのはナンセンス」と反対。どうせなら自分が聴きたいラジオを作ろう、と考えた。

最低限、自分が聴く立場なら絶対聴きたいラジオをやるべきだと思ったんです。そうじゃないと申し訳ないですよ。もちろん好き嫌いもあるだろうし、合う合わないもあるでしょうけど、プロの料理人が自分が美味しいと思っていない料理を人に出せないのと一緒で、そこを一番大事にしなくてはと思いました。

僕がいちばん聴きたいのは「パーソナリティが〝普通のこと〟ばっかり言っていないラジオ」ですかね。10人のうち8人が言うようなことを言ったら負けだと思ってます。8人が発想しないことを言うのが僕の仕事。で、そこから導き出した理想のパーソナリティ像は…〝変なおじさん〟です（笑）。普通の感覚じゃないおじさんになって、一般論ではなく、ちょっと変かもしれない意見を発信するのが僕の生きる道です。

じつは、番組開始のころには自分の価値観を前面に押し出すようなことはできなかったんです。「変なこと言ってるかもしれない」という心配があったり、35歳という微妙な年齢で、そんなエラそうなことも言えないなという気持ちがあった。でも10年ぐらいやってると、「YASUさんはどう思うの?」とリスナーから意見を求められるようになってきたんです。カミさんからも「で、あなたの意見はどうなの?　と訊きたくなる」と言われて…。ああそうかと。そうなると勉強しなくちゃいけない。偏りすぎると難しい問題もありますからね、政治とか宗教とか。最初にやり始めたのは、ある問題に対する意見を複数提示して「僕はこっち側に近い」という言い方をすること。そうすれば「両方わかった上で言ってるんだな」と受け取ってもらえますからね。

ラジオパーソナリティっていうのは、どういう形にせよ〝尊敬に値する〟部分がないといけないと思ってるんです。バカなことを言っていても、変な言い方ですけど、誰も思いつかないようなバカなことを言わなきゃいけない。いま中継レポーターをやってる大森（俊治）くん【★10】にもよく言ってます。北海道では雪まつりなど外国人旅行者が多いんですが、大森くんに国際交流をさせるんです。「英語で行け！」って。準備無しで。それが数多の名言を産んでるんです。大森くんに「雪像はどうですかって聞け」って指示を出したんですよね。そうしたら彼、「アー、スノーゾー、ドゥー？」って言ったんです（笑）。本人は「またバカにされたんじゃないでしょうか」と気にしてましたけど、これくらい行ききればやっぱりリスペクトしますよね。

つまんないやつだな、大したことないなって思われたらラジオなんて絶対に聴いてもらえない。だからパーソナリティとしてリスペクトされることを常に念頭に置いています。

独自の話術、独自の番組カラー

いまみたいにｒａｄｉｋｏで聞き返すことができない頃ですから、当初はカセットテープに録った同録（音源）を全部聞き返すことを義務にしていたんです。13時～15時の放送だったんで、2時間を2年間、毎日。僕も相方もそれを日課にしていました。そうするとひとつ、わかったことがありました。放送中に「今日、調子がいいな」と思ってても実際に聴くとそうで

★10 北海道江別市出身。ロックバンド「ロミオマシーン」のVo.担当

もないときがある。逆に、手応えはなかったけど、聴いてみるとおもしろいときもある。自分の感覚と客観的に聴いたときの〝感覚のズレ〟があることがわかってきたんです。

それを修正するためにはどうしたらいいのか…、AMラジオってふつう片耳でモニターしながら話すんですけど、僕は両耳でやることにしました。相方の山根にも、前任の美香ちゃんにも伝えて。しかも、音量もかなり上げるんですよ。生音が聞こえないくらいに。要するに、何がどのように聞こえているのか、どんな音が入っているのかを完全に把握すると、マイクまでの距離を自分でコントロールできるようになるんです。

例えば最中アイスを食べるときだと、皮を噛む音が聞こえるのでもうちょっとマイクに寄ろうとか離れようとか。〝ラジオの住人〟になる感覚というのかな。しゃべってるときはどっぷりとラジオの世界に入っている。せんべいを食べるときの距離、ゲスト用のマイクの距離も、フェーダーじゃなくて自分で対処することもできるし、細かい話だと「バッカじゃないの！」の「バ」が大きくなりすぎるのでマイクから口を遠ざけたりとか。これは〝100パーセントモニター〟だからできることです。全国の他のパーソナリティの方々にもぜひお勧めしたいですね。

あと、同じような話で、これは中継リポーターのころにやり始めたことなんですけど、状況描写をする必要があるじゃないですか。例えばマイクロバスで移動するなら「何人乗りで何色でどのくらいの大きさで」とか。それめんどくさいんですよね。だから僕は叩いちゃう。バスを「バンバンバン」って叩きながら「はい、このバスに乗りますー」って音をぜんぶ乗せる。聴いてる方もそのほうが想像できると思うんですよね。スタジオでもラジオショッピングでも、もうバリバリズルズル、音を立てて食べる。札幌で夏祭りの女みこしをリポートしたときには、女性がさらしを巻いてやってるんですけど、「皆さんすごい太ももを出してます。みなさん太ももを叩いて下さい、サン、ハイ！」とお願いして「パンパン」って。これはウケましたね（笑）。

M4

ナンバー１へ

とにかく北海道の役に立ちたい

北海道の聴取率調査は年に1回。この結果がすべてではないが、ナンバー2のままではいかんということで抜擢されたYASUだけに毎回数字はかなり気にしていた。とはいえ即座に数字に現れるものでもない。彼が「カーナビラジオ」に手応えを感じ始めたのはいつ頃からなのだろうか。

ラジオリスナーはテレビと違ってザッピングしない人が多いので、チューニングがなかなか動かないんですよね。番組を始めたころ笑ったのが「牛舎の棚に置いていたラジオが落っこち

2019年春からは新メンバーも加わり、「カーナビラジオ」はさらに進化を遂げた。

て、たまたまカーナビラジオに合わさった」っていうお便り。笑っちゃったのと同時に、〝棚から落ちでもしないとチューニングを合わせてもらえないんだ〟というシビアな真実を知ってしまいました。もう、道内すべてのラジオが落ちればいいのに…なんて言ってましたね（笑）。

番組開始当初は当然ながら局内にも賛否両論がありました。最初はいまと少し違って深夜番組のようにワーワーやってたんで、「昼間からうるさすぎる」という意見はかなりありました。たぶん局内も50：50で割れてたんじゃないかな。でも、長嶺さんっていう、後に局長、取締役になる人なんですけど、その方が北見局から会議に来た際に「絶対にやめちゃダメだ！」って言ってくださって。「この番組は絶対にうまくいくから！　最低でも5年は続けろ」という意見を出してくれたらしいんです。すごくラジオの好きな方なので、実際に聴いた上で番組の良さを感じ取ってくれたのだと思います。

最初は地方の、農業や漁業をやってる方々から少しずつ人気が出てきたんですけど、都市部が聴いてくれないと数字が出ない。だから数字に反映されるまで少なくとも10年はかかりました。僕たちは当然「おもしろい！」と信じてやってるわけですけど、長嶺さんをはじめ、ＨＢＣの関係者の方々がよく堪えてくれたなと思います。

群馬から出て、18から35まで東京にいたんですが、そのころは気づかなかったんですけど、もうしゃにむに頑張って無理していた。特に〝芸能人〟ですからね、六本木にも遊びに行かなきゃみたいな義務感もあった（笑）。で、北海道に移住してみて、東京の方には申し訳ないんですけど、ここには〝生活〟があるな、と感じました。人としての生活。もちろん、東京でしかできないこともありますし、東京でバリバリ仕事をしてる人はすごいなと思います。でも僕なんかは東京で失敗したクチですし、いまさら群馬に帰ってもやることもない。北海道で暮らしはじめて、仕事をして、ちゃんと家族を養って行けるようになった。「生活ってこういうことなんだ」と教えてもらいました。

だから、こんなこと言うと偽善者みたいに聞こえるかもしれませんけど、「北海道の人の役に立つ人間にならなきゃいけない」という意識はあります。僕のやり方で、僕にできることで北海道の役に立ちたいというのが根っこにあるんです。

ローカル局だからって遠慮しない

23年前、カーナビが始まったとき、局内に「打倒ＳＴＶ」っていう垂れ幕がかかってたんです。僕はこれを見たとき「こんな尻の穴の小さいことを言ってどうするんだ」って思ったんです。ＨＢＣラジオ批判じゃないですが（笑）、僕は「ＳＴＶを倒すためにやるんじゃない、日本一の午後ワイドをやるんだ」と自分に言い聞かせました。それはいまでも思ってて、日本一の午後ワイドになるためにはどうするかというところに立ち返って考えています。

ローカル局って遠慮がちになることがあるんですけど、「カーナビ」を始めたときに、「遠慮

北海道一はもちろん日本一の午後ワイドをやるんだと自分に言い聞かせています

することは一切やめよう」と決めました。例えば、マイケル・ジャクソンの話題が出たときにまず、最初に考えるべきは「マイケルに電話がつなげないか」ということです。田舎だから無理だ、地方局だから不可能だと考えるのは止めようと宣言したんです。

じつはそういうので1回、みのもんたさんと電話をつないだことがありました。みのさんが「朝ズバ!」をやってらしたころ、番組内で「夕張の問題に関してはアイデアを持っている」とおっしゃって、その日の「カーナビ」で夕張の話が出たときに、「そう言えばみのさんがアイデア持ってるって言ってたな。訊いてみよう」となったんです。「ありえないです!」と尻込みするディレクターに「とりあえずTBSに電話して」と。こっちは言うだけだから気楽なもんです(笑)。それで電話したら、あっけなくつながったんです、「おもいっきりテレビ」の楽屋にいるみのさんに。僕もさすがに「マジかよ」って思いましたけどね。しかもみのさん、「ギャラは(当時みのがリリースしたばかりの)曲をかけてくれたらいいよ」とまで言ってくださって。それが縁でもう2回ほど出演してくれました。毎回「曲かけますんで」って(笑)。「地方だからって遠慮しない」っていうのが番組のモットーなんです。

〝劣等感〟は武器にもなる!

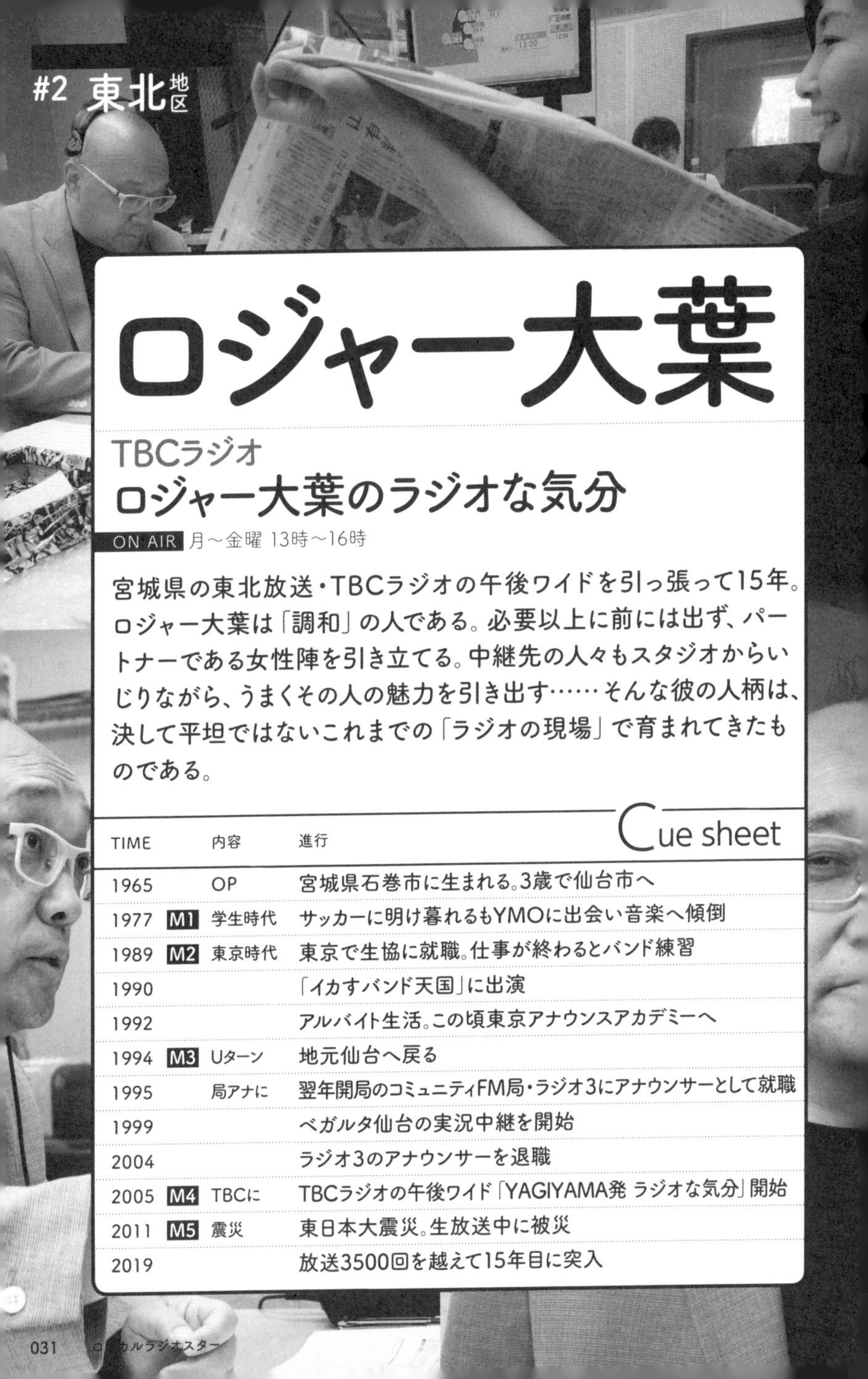

ロジャー大葉

TBCラジオ
ロジャー大葉のラジオな気分

ON AIR 月～金曜 13時～16時

宮城県の東北放送・TBCラジオの午後ワイドを引っ張って15年。ロジャー大葉は「調和」の人である。必要以上に前には出ず、パートナーである女性陣を引き立てる。中継先の人々もスタジオからいじりながら、うまくその人の魅力を引き出す……そんな彼の人柄は、決して平坦ではないこれまでの「ラジオの現場」で育まれてきたものである。

Cue sheet

TIME	内容	進行
1965	OP	宮城県石巻市に生まれる。3歳で仙台市へ
1977	M1 学生時代	サッカーに明け暮れるもYMOに出会い音楽へ傾倒
1989	M2 東京時代	東京で生協に就職。仕事が終わるとバンド練習
1990		「イカすバンド天国」に出演
1992		アルバイト生活。この頃東京アナウンスアカデミーへ
1994	M3 Uターン	地元仙台へ戻る
1995	局アナに	翌年開局のコミュニティFM局・ラジオ3にアナウンサーとして就職
1999		ベガルタ仙台の実況中継を開始
2004		ラジオ3のアナウンサーを退職
2005	M4 TBCに	TBCラジオの午後ワイド「YAGIYAMA発 ラジオな気分」開始
2011	M5 震災	東日本大震災。生放送中に被災
2019		放送3500回を越えて15年目に突入

M1

学生時代

サッカー少年、ＹＭＯにぶっ飛ぶ

ロジャー大葉は宮城県石巻市の生まれだが、育ちはずっと仙台。いま、毎日通っているＴＢＣ東北放送のある八木山近辺は幼少の頃から馴染みの場所だ。

小学4年生から高校1年生まではサッカーをやってたんです、かなり真剣に。ここＴＢＣのすぐ近所、八木山小学校に通ってたんですけど、当時の宮城県では松島と閖上（ゆりあげ）と亘理（わたり）という小学校が強かった。そんな中、われわれ無名の八木山がこの3校をぜんぶ破って優勝してしまうんです。それで図に乗って中学でもサッカー部に入り、全国へ行くつもりで強豪高に入学しました。

ところがね、ＹＭＯという怪物が私の人生を方向転換させてしまうんです。すごい衝撃でしたね。中でも高橋幸宏のドラムの叩きかたにショックを受けて。忘れもしない、中1の秋です。友達かられコードを借りて完全にぶっ飛んだ。サッカーももちろん好きだったんですけど、ＹＭＯとユキヒロさんが次第に心を占領し始めて、高1でついにサッカーを辞める決意をしたんです。まあ部活がキツかったっていうのもあるんですけど（笑）、それより「ドラムを叩きたい！」って気持ちが強くなってしまって。中学校の監督に「何でやめたんだ!」って怒られ、高校の監督にも「うちでやっていくんじゃなかったのか」って説得されてね。「ドラムが叩きたいんで」とか言い捨てて(笑)。いや、でも当時は本気で悩んだんですよ。

そんな流れで、サッカーを辞めた直後、ようやく我慢していた自分のドラムセットを手に入れました。それまでは吹奏楽部のドラムのチューニングをいじったり、スネアにガムテープ貼ったりして、なんとかユキヒロさんの音色に近づけようと工夫したりしては先生に怒られてました。

YMOに心を奪われてからは学校の勉強なんかも一切やめてしまってたんですけど(笑)、なんとか地元の大学に潜り込んでバンドを続けました。いつかはメジャーデビューするつもりだったんで、3、4年生からは東京でオーディションを受けていました。

まあまあ良いところまでは行くんですよ。でもやっぱり最後の最後に残るというのは難しくて、その一歩手前のところで落選を繰り返してましたね。寸評に「ドラムは正確なリズムを叩いてます、ベストドラマー賞候補です」なんて書いてあって、さらに調子に乗っちゃって。上京してバンド活動をやることになるんですね。ライブハウスを回って。サラリーマンやりながらです。

「ロジャー」の由来

そのころ、高田馬場で終電を逃したことがあったんです。帰れないから時間を潰そうってなって、午前4時までやってるカフェがあったんですけど、そこで生ビールを飲んでたんですよね。レゲエの話をしてたらジャマイカ人が話に割り込んできて、「俺たち、レゲエバンドだよ」とか言ってきたんです。「俺たちもレゲエやってんだよ」って言ったらすごい喜んでね。しばらく話してたら「オオバ、お前良いやつだな、今日から俺の名前〝ロジャー〟を名乗れ」と言ってきて。「いらないよ」って言ったんですけどね（笑）。

RADIO3【★1】が開局したとき急にそのことを思い出して、「ロジャー大葉」にしたんです。その後、そのジャマイカ人を見かけたことはないです（笑）。

M2

東京時代

ミュージシャンから「しゃべる仕事」へ

「音楽で食う」を目指しての上京だったが、なかなかうまくは行かなかった。ただ、東京での生活は現在の「しゃべる仕事」に向かうきっかけを与えてくれる。

就職したのは平成元年で、生活協同組合に決まりました。当時の東京で2番目の規模の生協です。そこではほんとになんでもやりましたよ。配達から始まって、店舗にも立ったし、生産地に行って農家と契約したり。無農薬野菜の生産や、抗生物質を与えないで育てる家畜の飼育とかを見学

★1 仙台市青葉区のコミュニティFM局。仙台シティエフエムの愛称（後述）

して契約を取り交わすんです。

朝は早いんですけど、そのかわり17時には終わるのが魅力で、夕飯をかっこんで、18時から山手線の大塚駅近くにあった汚いスタジオで練習をしていました。

平仮名で「ばななまん」っていう名前のバンドです。お笑いの人たちとは一切関係ありません。少しレゲエとかブルースとか、ちょっとブラックミュージックに傾倒した感じの3ピースバンドです。90年にはイカ天【★2】に出ました。ビデオ審査があって、TBSから電話が来て、「まずVを撮らせて下さい」っていうんで演奏を撮って、当日は生放送。三宅裕司さんと相原勇さんがいて「うおっ」ってなりましたね、いちおう出場した組の中では勝ち抜いてチャレンジャーに選ばれたんですけど、そのときのイカ天キングだった女性のハードロックバンドに負けたんです。あの番組って審査員がボロボロにバンドをケナすのが名物だったんで覚悟はしてたんですが、「上手くはないけど味はあるよね」的な評価で(笑)、それも調子に乗った原因のひとつかもしれません。

そのあと、Vシネマの音楽もやりましたね。「ヘイ！オイラーズ〜甦るスカイライン神話〜」【★3】っていう作品で、新旧のスカイラインが戦う話でした。

その後、CMソングを作ったんですよね。たしかバイク屋さんのラジオCMだったんですけど、当日になってナレーションの方が来られなくなって、「私が読みましょうか」って言ったんです。3日後に放送局に納入っていう切羽詰まったタイミングだったのでみんな焦ってて、「しょうがないから

★2 テレビ番組「三宅裕司のいかすバンド天国」(1989年2月〜1990年12月)。メジャーデビューを巡ってアマチュアバンドがバトルする。FLYING KIDS、BEGIN、たまを輩出
★3 1991年、金山一彦、中村由真主演

やってみてよ」みたいなノリでした。そうしたら案外オッケーもらっちゃって、しかもギャラも3万円もらいました。「こりゃ、しゃべりもイケるな、俺」って舞い上がってしまって。拘束時間1時間とかでこんなもらえんの⁉って、カネに目がくらんだんです（笑）。

友達にお寺の次男坊で、アマチュアバンドをメジャーデビューさせる活動を趣味としてるような人がいて、彼が「ウチくる？」って言ってくれたんで、事務所ってほどじゃないですけどそこに所属して、何本かナレーションの仕事をしました。東京では事務所に所属してないと声の仕事ができませんからね。彼がコネで仕事を見つけてくれて、5～6本くらい受けました。

何本目かの仕事のときなんですけど、わりと大きなクライアント、日通かなんかの交通安全講習のナレーションの仕事をいただいたんですね。それがけっこう大変で、「ナレーションってこんなに難しいんだ！」って思い知らされて、恵比寿にある東京アナウンスアカデミーに通い始めました。27歳のときです。

数年はアルバイト生活

平成3年の8月に生協は辞めてたんで、当時はバイト生活でしたね。バンドやってると別のバンドマンからいろんな変な仕事が回ってくるんですよ。夜中に墓石を移動させるバイトとか（笑）、いちばん長くやったのは、鉄塔から鉄塔を渡ってる電線の下でクレーン作業とか釣りをやってないか

女性パートナーとの掛け合いも「ラジオな気分」の聴きどころのひとつ。写真は月・火曜担当の安東理紗アナ。彼女もかつてこの番組の中継リポートを担当していた。

見張るバイト。クルマでずっと回って、「異常なし」って書いていくんです（笑）。あれは3～4年やったなぁ。なんにせよ生協よりは楽だった。配達は完全に肉体労働ですからね、身が持たなかったんですよ。いまでも街で生協のお兄ちゃんを見ると「頑張れよ！」って心の中でエールを送ってしまいますね。

アナウンスアカデミーに通ったのはいいんですけど、卒業式の次の日に「タレントユニオン」っていう、アカデミーでやってる事務所のオーディションがあって、それに落ちたんですよね。そもそも他の事務所のオーディション情報があっても、僕、なぜか受けてないんですよね。本気でやりたいわけじゃなかったのかなぁ。いまでも分からないんですけど、とにかくオーディションに落ちてやる気がなくなってしまったんですね。同じ時期に母親が倒れたこともあって、仙台に戻ることにしたんです。音楽にも見切りを付けました。

M3

仙台にUターン

コミュニティ局でラジオに没頭する日々

阪神淡路大震災や規制緩和もあり、1996〜1999年は全国でコミュニティFM局の開局が相次いだ。ロジャー大葉が地元に戻ったのは、ちょうど仙台市最初のコミュニティFM局がスタートするタイミングだった。

29歳でしたけど、仕事のあてはほぼなかった。じつは姉もフリーアナウンサーをやってるんです。いまはDateFMでやってる大葉由佳【★4】。当時はテレビ・ラジオとやってて、その姉のツテもあるかな、と少しは考えたけど、しゃべりの方はまだ素人同然ですからね。あてにできるほどではない。

だから就職活動を始めて、一般企業も受けるんですけど、いちおう面接まで行ってもやる気が湧かない（笑）。そんな折、姉から「知り合いから電話が行くからよろしく！」って連絡が来たんで

★4　2019年7月現在、Date FM日曜午前5時〜の「One for wind 〜日曜日の朝の深呼吸〜」を担当

す。すぐにパーテイクって会社から電話がかかってきて、いわゆる〝秋の収穫まつり〟みたいなイベントの司会を頼まれて、ギャラはナンボです、と。あ、カネもらえるんだ!っていうね（笑）。その司会をやったことがきっかけで、その会社がじつは、2か月後に開局するコミュニティFMの仕事をやっていることを知った。「アナウンサーを探しているんだけど、ニュース読める?」って訊かれて「読めます!」って即答ですよね、読んだことないのに（笑）。まあそれでも、アナウンスアカデミーではけっこうスパルタでアクセント直しましたから、オーディションを受けて無事合格しました。生協以来の社員だ!ってかなりうれしかったですね（笑）。95年の11月でした。

そこから給料をいただいて、96年の2月に仙台シティFM・RADIO3【★5】が開局となります。

開局準備

そのちょうど1年前に阪神淡路大震災があって、防災の面でコミュニティFMが注目され始めたタイミングだったんです。県域局よりも細かな情報が届けられるという触れ込みで、RADIO3は神戸のコミュニティ局【★6】が震災時に市役所から情報を発信したケースにかなり影響を受けていました。地域密着、市民参加、防災、これを第一に考えて、総務省も免許を出していたんです。

アナウンサー採用といっても、開局準備中はしゃべる仕事もないですから、ひたすら書類の作成に追われてました。放送局の図面を書いて総務省に出したり。「見取り図を描いて」って言われても

★5 当時は仙台あおばコミュニティ放送。98年に社名変更
★6 神戸コミュニティFM局 FM MOOVのこと

わかんないですよね（笑）。

同時にニュース読みの訓練です。吉岡徹也さん【★7】などTBCのOBの方が立ち上げに参加されていたので、いろいろ指導を受けました。本格的にしゃべりの勉強を始めたのはそこからかもしれませんね。季節の表現とか用語とか。本当に勉強してなかったですからね、YMOのせいで（笑）。だから、僕の場合、30歳からが本格的なしゃべりのスタートなんです。

RADIO3は親会社が仙台タウン情報を出している会社なので、飲食店やイベントの情報をたくさん持っていて、録音機材を担いで店長やオーナーにインタビューするような仕事もけっこうありました。自分で録ってきて編集してしゃべって、放送終わったら日報書いて…、みたいな日々でした。ディレクターもほぼいないので、技術さんがキューを振ったりしてましたね。

サッカー実況を0から始める

93年にニッポン放送がJリーグの中継を始めたんですけど、なんてかっこいいんだ!って感激したんです。煙山さん【★8】とか松本さん【★9】とかが流れるような実況をしていらして。スポーツ中継、特にサッカー実況にはすごく興味があったので、真似事みたいなこともしてたんですよね。

じつはアナウンスアカデミー時代にニッポン放送の中途採用を受けてるんですよ。最終面接の一歩

★7 東北放送の元アナウンサー。スポーツ実況などで活躍
★8 煙山光紀。ニッポン放送アナウンサー
★9 松本秀夫。ニッポン放送退職後も「ショウアップナイター」で活躍中

ロジャー大葉が開拓し、システムを作り上げたベカルタ仙台の実況中継はいまもラジオ3で続けられている。

手前くらいで落ちてるんですけど、試験がすごいんですよね。競馬の実況を想像でやれ、っていうの。競馬に興味なかったので全然できなくてね。ニッポン放送はサッカーに加えて競馬もできなきゃいけないってそのとき知りました。

ともあれ、コミュニティで3年間経験を積んでたので、スポーツ実況にもう一回チャレンジしたいという気持ちが大きくなってたところで、「ベガルタ仙台の中継をしたい」って社長に伺いを立てたらすごく応援してくれたんです。「1円でも黒字になるならやっていいよ」と言って下さって。そこからサッカー中継に必要なことを1から調べ始めました。

当時、ラジオの幹事局がニッポン放送で、コミュニティFMがJリーグ実況をやることをすごく応援してくれていた。「どんどんやってください」っていろいろ教えてくれて助かりましたね。社長には「勉強しに行くんで出張扱いにしてくれ」と言ってね。

当たり前ですが、放映権料もかかることがわかりました。ただ、コミュニティFMは安かったので助かりました。

あと、湘南のコミュニティFMがベルマーレの中継をすでにやっていたんでそこでいろいろ勉強させてもらって、「あっ、コーデック【★10】というものを買わなきゃいけないんだ」とか知りました(笑)。機材の調達からですよ。NHKアイテックさんに電話して「もうちょっと安いのないですか!」とか交渉して、会社に稟議書書いて。勉強にはなったけど、エラいとこに踏み込んじゃったなぁと思いましたよ。

始まった当初はベガルタ仙台のホームゲームしか中継していなかったんです。だけど敵地の実況の方が注目されるので、アウェーの実況も積極的にやろうじゃないか、って新しい方針が決まったんです。社長も「やった方が良いんじゃないか」と後押ししてくれて、出張費がやっと出るようになった(笑)。佐賀のサガン鳥栖から北海道のコンサドーレ札幌まで、実況の私と技術のふたりで重いジ

★10 音声中継用の機材。具体的にはNTT製HC-7000のこと。ISDN回線を用いている

ユラルミンケースを持って飛び回りました。空港ではだいたい止められるんですよ。重い機材が不審だったんでしょうね（笑）。

ようやくスタジアムに到着しても、コミュニティFMには放送席なんて用意してくれないんです。地元の県域局と、良くて地元のコミュニティFMまで。これで放送席は埋まっちゃう。われわれは客席を前4人、後ろ4人の8席を使って実況して下さいって言われる。場合によってはその8席ぶんのチケットをぜんぶ「買ってくれ」って言われることもあって、これは厳しかったですね。打ちひしがれますよ、放送席も用意してくれないのかと。

もちろん放送席を用意してくれるフロントもありました。いちばんびっくりしたのは、放送が終わってから「放送席は5万円になります」って請求がきたときですね。始まる前に言って下さいよと言ったら「普通は有料ですよ」って（笑）。あのグラウンドがテレビに映るといまでもそれを思い出します。

でも、夜中に社に帰ると、30～40通の反響が来てるんですよ。「きょうはベガルタ勝ったね」とか「ロジャーさん良かったよ」とか。普通の番組だと多くても4通とかなのに！　だからやりがいを感じました。

結局、そこから5年続けました。

多くて4～5通って言いましたけど、RADIO3を辞めたというのにも、その点が少なからず絡んできます。単刀直入に言うと、放送をやっていても「これ、聴いてる人いるのかな」と考えちゃう瞬間があるんです。リスナーって本当にいるのかな、と。

例えばリスナープレゼントとかやるじゃないですか？　そうすると応募が1通も来ないときがあるんですよね。よしんば来たとしても、プレゼントを発送するお金がない（笑）。「商品を取りに来られる方に限らせていただきます」っていうのが定番になっていて、だから余計に応募が来ないという悪循環に陥っていました。「宅配便代ぐらい渋らないでくださいよ」って、ラジオ3の社長と何度もケンカになりました。

コミュニティFMの限界

いまにして思えば、コミュニティFMの存在意義って田舎に行けば行くほどあって、都市部ではそれが薄れるのかなぁって思います。個人的な意見ですけどね。

プレゼントの応募も来ないし、かといって苦情も来ない。さらに言えば給料も安い。朝から晩まで働いて、休日もほぼなし。1日14時間とか会社にいましたからね。

そんな状況もあって、2004年の3月に辞めました。例によって、先のことはまったくのノープランでした（笑）。

M4

ワイド番組開始

TBCのワイド番組に大抜擢！

やりたい一心で苦労に苦労を重ねてようやく実現したベガルタ仙台の実況の仕事。これによりロジャーの知名度が上がり、それにつれて人脈も広がっていくことに。そしてついにTBCのワイド番組「ラジオな気分」につながっていく。

どうやって食べていこうかな、とかボンヤリと考えながら暮らしていて、その年の11月ぐらいだったかな、TBCの佐藤修さん【★11】と呑む機会があった。いまはスポーツ部長をやってますけど、修さんは実況アナウンサーだったこともあって、ベガルタがブランメル仙台って名乗ってた時代からの知り合いなんです。

酔って話してるとき「午後ワイドのパーソナリティを変えるって話が出てるんだよね」って聞かされて、僕も酔った勢いで「はいはい！俺やるやる！」とか言って（笑）。そしたら修さん急にマジになって「やるの？」って（笑）。「じゃあ、誰かにインタビューしてるところと、CMと、番組のオープニング的なこと吹き込んだデモテープ送ってよ」と言われて、すぐに録音して、TBCに送ったんです。

★11 スポーツ中継などで活躍した元アナウンサー

そうしたら、忘れもしない12月29日、担当者から電話がかかってきた。「佐藤修から聞いてまして、デモテープを拝聴しました。1月7日に音声テストをしますんで来てください」って。おっ！脈があったな、と年明け早々にＴＢＣに行き、ちょっと番組チックなことをしゃべったら、その日の夜に決まったんです。4月からのワイドをロジャーさんお願いします、って。まあ、大抜擢ですよね。【★12】

ベガルタサポーターの方からは「ＴＢＣ決まったんだね！」とか祝福のメールをもらったことはありますけど、たいていの反応は「ダレ？」って感じで、ロジャーなんて名前で国籍も良くわからない人物がいきなり昼のラジオに現れたわけですからね（笑）。

編成の人も「ダレ？」って思ってたってあとで聞きました（笑）。だから最初はひたすらプロフィール的なことをしゃべってましたよね。拒否反応も少しはあったと思うんですけど、良い声ですね、とかお褒めの言葉も頂きました。

40歳からのスパルタ教育

プロデューサーからは「ラジオは知識とか上辺（うわべ）だけじゃなくて気持ちをしゃべるものだ」と、さかんに言われました。私がどこかで調べてきたようなことをしゃべってると、トークバックで「はい、はい。つまんない。次いくよー」って容赦なく言う方でしたね。

★12　開始当初のタイトルは「YAGIYAMA発 ラジオな気分」。2008年秋より現タイトルに

たしかにごもっともで、自分は何を感じたのか、またその前に、なぜその話をいまするのか、という内面を出して行かないといけない。ラジオって気持ちをしゃべるものなんだ、というのはとても勉強になりました。

40にもなって、こんなことも知らずに8年もコミュニティでやってきたんだな、と思い知らされましたね。

コミュニティ時代は、言葉は悪いですけど〝穴埋め〟的な作業があって、脈絡のない話題をしゃべる時間を作らざるを得なかった。でもTBCに来て知ったのは、パーソナリティとしていちばん大事なのは〝裏付け〟というか、「どうしてこの話題をいま、この調子でしゃべるのか」の根拠であるということだったんですね。そのしゃべりにリスナーさんがリアクションを寄せてくれて、話題がさらに広がって行くんです。

なにせタイトルが「ラジオな気分」ですからね。最初は妙なタイトルだなって思いましたけど、いまは気に入っています。

M5

震災の前後で

震災を経て感じた放送人の〝役割〟

「ラジオな気分」は毎日ラジオカーが県内を走り、市井の人々の声を届けてくれる【★13】。東日本大震災の経験もあり、ロジャー自身も、番組や地元に対する意識も変わっていった。

東日本大震災ではICレコーダーを持って被災地を回りました。報道の人間でもなくアナウンサーでもない「ロジャー大葉」として求められるものはなにか、とすごく悩みましたね。現地に足を踏み入れたとたん、「ああロジャーさん！　来てくれたの！」ってみんなすごく喜んで下さって、少し話してみると、旦那さんが津波に攫われてたりとか、どんどん身の上話が始まる。それをうかがって編集をして……、そういう放送をかなりやりましたけど、そのときからより深く〝気持ちを語

★13　中継リポーターはおもにTBCの若手アナが日替わりで担当するが、六華亭遊花は番組開始当初からリポーターを担当している（2019年現在は水曜を担当）

る〟というラジオの役割と、真剣に向き合うようになった気がします。なぜ被災地に行くのか、なぜ家族を亡くした人にマイクを向けるのか、なぜそれを電波に乗せるのか。あの経験を通して、ラジオパーソナリティとして、放送人としての〝自分の役割〟がきちんと整理できたんじゃないかと思います。

地震の時は「ラジオな気分」の放送中だったんですが、ちょうどニッポン放送の箱番組の最中に揺れが来たんです。私はトイレにいたんですけどね。その瞬間から報道特別番組がずっと続いて、2週間後、「ラジオな気分」を再スタートさせました【★14】。オープニングテーマもなく、「2週間のご無沙汰でした」から番組を始めました。

震災前と決定的に変わったのは、しゃべるスピード。生活情報というか、いまもそれは続いてますけど、当時は1時間に2~3本、どこに給水場があるとか炊き出しをやってるとか、毛布を配布してますとか、○○町ではガスが復旧しましたとかを伝えたり、やたら電話番号を読む機会も増えたんですけど、ものすごくゆっくり伝えるようにしていたんです。リスナーもお年寄りや子供もみんな聴いてくれていたので、なるべく気忙しくならないようなスピードを心がけたんです。それが自分のペースにも合ってたんでしょうね。自分にピタッと合ったしゃべりができるようになった自覚があるんです。

それまでは早くしゃべるのが民放ラジオだと思っていました。中高生時代、いちばんよくラジオを聴いていた時代のイメージがあって、その影響が大きかった。民放は軽妙でスピード感あふれる

★14 正確には3月28日(月)。震災発生から17日後

しゃべり、NHKはゆっくり、という固定観念があって、お手本は久米宏さんだったんです。それが震災で情報をゆっくり伝えるようにしたことで、自分にいちばん合ったトークのテンポを掴むことができるようになったんじゃないかなと思っています。

“劣等感”は良いことだ!?

子供の頃に聴いていたラジオと、自分がいましゃべってるラジオってまったく違うんですよね。自分を冷静に分析すると、ラジオというメディアに出て、先頭を切ってしゃべれるような人間じゃないんだよなぁっていつも思うんです。劣等感っていうんでしょうか。

RADIO3が始まるとき、元TBCの吉岡徹也さんにこの話をしたんです。そうしたら「あのね、大葉君。劣等感ってとても良いことで、パーソナリティが『なにかおもしろいことを言ってやろう』とか、優越感を持って『俺がしゃべるんだ』とかそういう目線でやってるような番組にはロクなものがない。劣等感を持ってラジオをやるのはとても良いことだ」とおっしゃって下さったんです。他人に「じつは臆病で心配性で人の顔色ばかりを伺う性格で」って話すと「えっ⁉」て言われるんです。「その顔で?」って（笑）。でも吉岡さんはいつも「本当に素直に思ったことを背伸びせずに伝えなさい」と諭して下さった。

「ラジオな気分」が始まった当初は「もっと元気にやってよ!」とか言われましたけどね（笑）。あ

地方局のワイド番組のメインMCというと我の強いキャラクターを想像してしまうが、ロジャー大葉は自分の周りの人を立てるタイプのパーソナリティといえる。

るスタッフはいつも「おっさん臭くていやだ！」って言ってましたよ。おっさんだからしょうがないじゃんと思いつつ、現部長からは「おっさんなんだから無理して声を張らなくていいよ」って言われるし（笑）。どこらへんが自分にいちばん合ったしゃべりなのか、それはいまも気を遣ってますね。

「ラジオな気分」の肝になってくる部分だと思うんですけど、他の番組との差別化という意味では「アシスタントとの会話」っていう部分を大事にしています。男女ペアの番組っていうと、男が主で女性が聞き役というパターンが多いですよね。女性はアシスタントに徹するっていうか。

でもこの番組では、彼女たちに対して〝アシスタント〟という感覚を持ったことがないんです。番組名に私の名前が入ってるからどうしても私が司会進行みたいな形にはなってますけど、私ね、ものすごく相手をチヤホヤするんです。立てまくります。特にいま水・木曜を一緒にやってる、なべくらみほ【★15】はものすごい〝おばちゃん気質〟で、アナウンサーじゃないからバンバン好き勝手なことを言うんです。私はそこをもっと出させたい。別に無理してチヤホヤしてるわけじゃないですけど（笑）、どちらかというと褒めちぎる。そうすると、素のなべくらが出てくるんですよ。威圧的だと出てこないじゃないですか？　もちろん安東アナ【★16】にも田村さん【★17】にもそうですけど、良い気分で座ってもらいたいんです。

そういうスタイルだと、言いにくいことも言ってくれる。職業としての〝パーソナリティ〟と〝アシスタント〟になりきっちゃうと、良さがなかなか出ないんですよね。なべくらが一度「自分ちの茶の間にいる気分だ」と言ったことがあるんですが、それを狙ってるんです。インチキ夫婦みたいな感じですかね（笑）。

コミュニティFM時代にはずっとひとりで話してたんで、お相手がいるってなんて豪華なんだ！って思いつつも、この番組が始まったころはまだひとりでしゃべる方が楽だった。次はどっちがしゃべるの？とか戸惑ってばかりでしたけど。でももう、いまはワンマンでやれって言われてもしゃべれな

★15　宮城県仙台市出身。元秋田放送アナウンサー。水・木曜担当
★16　安東理紗。2005年入社。1男1女の母。月・火曜担当
★17　田村恵子。元TBCアナウンサー。金曜日担当

いかもしれないですね。「ラジオな気分」での女性陣の役割はとても大きいです。

「ローカル」への回帰

昔はローカル番組が嫌いだったんです。どうしても中央のテレビ・ラジオと比較してしまって、ローカル番組なんてなにが面白いんだって思ってたんです。でも、いまにして思うと、ローカルにはお笑い芸人やアイドルがいない、ってことだったんですよね。ラジオのＭＣにしてもアナウンサーが務めて、いわゆる「タレント」って存在が出てこなかった。要するに東京の芸能人が観たかった・聴きたかっただけだったんです。

でも、ローカル、県域局としゃべりの仕事をしていく中で、芸事じゃなくて「人」にスポットを当てる素晴らしさにようやく気付きました。いまは逆に、東京の芸事やテレビにはほぼ興味がなくなってしまいましたね。

芸事のプロを目指す人も、必ずしも東京に行く時代ではなくなってますからね。この宮城・仙台にしても、ローカルタレントもバンドも演劇人もいて、そこに被災地という特殊性も加わって「地元を盛り上げよう」と活動するアーティストも出てきた。私は東京から地元に受け入れられてここまで押し上げてもらった人間ですから、今度はこちらがそういう人を応援する側にならないと、という想いは大きいです。

「俺でいいのかなぁ」という劣等感を持ちながらも
県内の町や村の「人」の想いを受け止めて、発信していく

「メディア」っていうとなにか華やかできらびやかな芸事の世界ってイメージがあると思うし、私自身も東京時代はその中に入りたい、その登場人物になりたい、そんな感じで生きてきたんです。でもいま、実際にこうやって24年ローカルでしゃべり続けてきて思うのは、地域と地域のつなぎ役になりたいということ。ハブ・中継役として、宮城県内の町や村の「人」の想いを受け止めて、発信する。タレントでもないし、フリーアナウンサーというのもちょっと違う自分が、たまたまメディアの真ん前に立って電波を発してますけど、劣等感や心配性っていうのがチラチラと顔を出してきて「俺でいいのかなぁ、毎日ＴＢＣに来ててすみませんね」っていうのがいつも根っこにありながら、そんなことを目指しています。

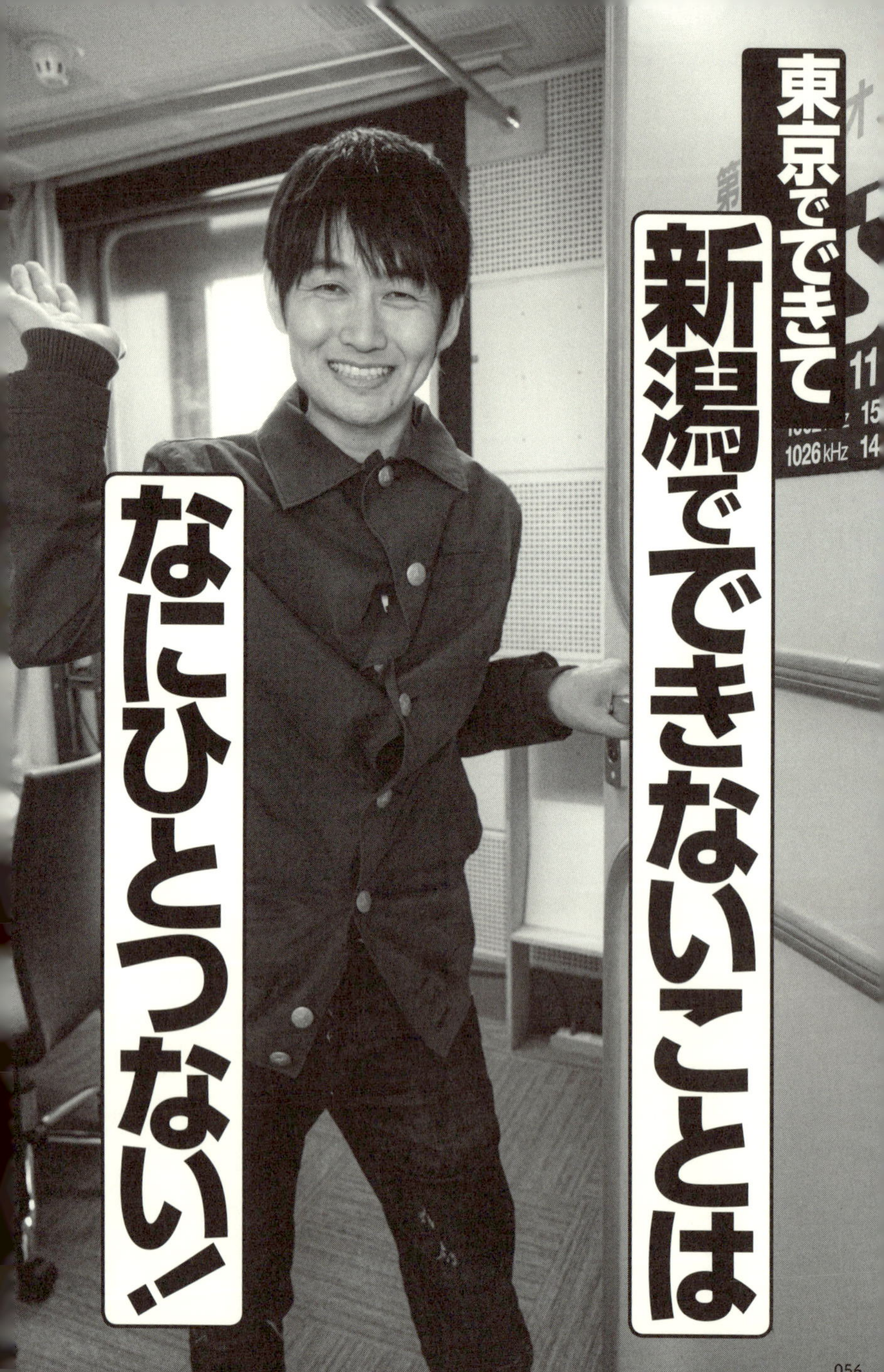

東京でできて 新潟でできないことは なにひとつない!

高橋なんぐ

BSN新潟放送
高橋なんぐの金曜天国

ON AIR 金曜 9時～11時50分

地元である新潟県で活躍、近年は数々の教育機関で行ってきた「お笑い授業」が注目を浴びている、少し変わり種なお笑い芸人・高橋なんぐ。「金曜天国」ではとんでもない反射神経でボケ・ツッコミを繰り出し、コアなファンを獲得している。彼が地元・新潟にこだわる理由、ラジオの可能性など、特別版「ラジオの授業」の始まり！

Cue sheet

TIME		内容	進行
1981		OP	新潟県長岡市で生まれる
1996	M1	芸人の道へ	「全国お笑いコンテスト」で優勝。賞金100万円を手に
			「お笑い集団NAMARA」加入。ヤングキャベツ結成
2000	M2	ラジオデビュー	BSNラジオ「MID DAY CAFÉ」を担当（ヤングキャベツ）
2002			FM新潟「NAMARAの漫才ニュース」担当
			FM PORT「TIME 4 YOU」担当。県域3局を制覇
	M3	お笑い授業	「お笑い授業」をこの頃から本格的に開始
2009		海外へ	オーストラリアなど2年間海外生活を送る
2011			帰国、ヤングキャベツ解散（2016年再結成）
2012			世界一周の旅に出る
2016	M4	金天開始	BSNラジオ「高橋なんぐの金曜天国」スタート
2017			自著「米十俵 高橋なんぐのお笑い授業」発売
2018			アシスタントに林莉世アナが加入
2019			「金天」は4年目へ

M1
お笑い芸人への道

あの日、僕は新潟でお笑いをやると決めた

96年12月。高橋なんぐは、吉本興業が主催する「全国お笑い勝ち抜きバトル in 東京ドーム」において、わずか15歳、高校1年生で優勝を飾る。主催の吉本興業はもちろん、周囲のだれもが高橋のエリート芸人街道の驀進を疑わなかった。賞金の100万円を手にし、さらに具体的なテレビ出演までを提示された高橋はしかし、吉本の誘いを蹴り、地元の「新潟お笑い集団NAMARA」【★1】に所属することを選ぶ。「NAMARA」は高橋の優勝とほぼ同時期に立ち上がったローカルのお笑い集団である。高橋はなぜ、〝お笑いの王道〟を避け、あえてローカルからの出発を選んだのか。

最初、お笑いの世界で食べていく気はなかったんです。今田耕司さんと東野幸治さんがテレビで「賞金100万円!」って感じの宣伝をしてて、単にその〝100万円〟がどうしても欲しかった。当時の〝100万円〟は「世界一周」や「ガンダーラ」のように特別な響きを持った言葉でした。

運よく書類審査をパスし、吉本から予選会の案内が来ました。関東甲信越ブロックの会場は横浜で、交通費はもちろん自腹。往復2万円の新幹線代なんて持ってないので、母親に「ちょっとカネ

★1 江口歩が立ち上げた、新潟のお笑い集団。「第1回新潟素人お笑いコンテスト」の出場者・スタッフが中心に集まり、1997年にスタートしたが、「お笑いコンテスト」の企画が立ち上がったのが、まさに高橋なんぐが吉本の大会に出た1996年12月。2005年「ナマラエンターテイメント」として法人化

を貸してほしい」と相談しました。なんで？と尋ねられて、理由は言えずに「なんでもだ！」って答えて。あとはとにかくひたすら「2万円が100万円になるんだ！」って言い張りましたね。

じつは僕、中2の終わりまではおとなしいどころか、存在感がまったくない人間だったんです。そんな息子が中3で変化し、いまや必死で自己主張をしているのを目にして、母親もなにかを察したんでしょう。それ以上は追求せず「わかったわ」と2万円を貸してくれました。

中学3年生の僕に起こった変化とはなんだったかと言うと、じつは僕、生徒会長に立候補したんです。おとなしくて影の薄い僕でしたが、その状態をよしとしているわけでもなかった。変化のきっかけを探していたとき、生徒会選挙のポスターに目が留まったんです。人前に出るのが苦手だったけれど、それを放置している自分がもっとイヤだったんですね。だからとりあえず〝ステージで演説すること〟をゴールに決めて、だれもが予想もしない中で立候補を申し出ました。

クラス中が驚愕し、担任の先生も「えっ、お前が？」って言って、そのままちょっと絶句してました。かといって反対されたわけでもなく「まあ……、出るなら推薦人を付けなさい」って言われたので、たまたま名簿が隣あっていたクラスメートにお願いしました。

いざ、選挙演説当日。ステージに上がり、全校生徒を前にした僕はとうぜんアガってしまい、しどろもどろで支離滅裂。ほとんどまともにしゃべることはできませんでした。

だけど、推薦人の彼はすごかった。僕からマイクを引き取ると、「高橋君はこう見えても、内に秘めたる熱い闘志の持ち主です、この学校に必要な人です」とかペラペラとまくし立てはじめたんです。内心では誰もが「いや、お前が立候補しろよ」って思いましたよね（笑）。

それはともかく、なんと僕、彼の弁舌のおかげで当選してしまったんです。立候補することがゴールだったのに、ゴールがずーっと先に伸びちゃったんです。

「これから朝礼を始めます」みたいなちょっとした司会は生徒会長の役目なんですが、初めはまともに言えなくて、「こ、これか、ら、ちょ、」みたいな感じでした。先生が「マイクのスイッチ入ってんのか？」って確かめに来るレベルです。そんな情けない状態が3か月くらい続いたんですけど、ある日の朝礼で1年生がザワザワしていたとき、ふと「ちょっと静かにして下さい、これから朝礼を始めます」って無意識のアドリブが入ったんですね。しかも、それで1年生がシンと静まりかえった。「えっ⁉」って思いました。「アドリブが出た」ってことと「1年生が黙った」というふたつのことにとても驚いたんです。いままでに触れたことのない感覚でした。そのときから、〝人前に出てしゃべる〟ことの面白さに取り憑かれ始めました。

ちなみに、推薦人を務めてくれた弁舌爽やかな推薦人の彼が、のちに僕とお笑いコンビ「ヤングキャベツ」を組むことになる中静祐介【★2】です。なので、この演説会は僕らの初めてのコンビネタっていうか、コンビでの初舞台っていうことになります。

でも、僕の正式なお笑い初舞台でもある「全国お笑い勝ち抜きバトル」にはピン芸人として出場

★2 1996年に結成した「ヤングキャベツ」の相方。現在BSNラジオで同じ金曜日放送の「マエカブナカシズカ」のメインパーソナリティを担当。なお、コンビは一度解散したが、現在は復活した形になっているものの、コンビでの仕事はそんなにない

しました。中静とは同じ高校に進学したのですが、ド本命高校のド就職クラスに入った彼に対し、僕は受験失敗の結果として入った滑り止めで、しかも「特別進学クラス」っていうちょっと隔離された場所に放り込まれていたので、あまり接触がなかったんです。加えて中静は野球部の練習で忙しかったんですよね、勉強したくないから（笑）。というわけで、大会にはひとりで出ることにしました。もしかしたら「どうせお遊びだし」って感じの出場だったことが、ピンで出た最大の理由かもしれません。

ナチュラルボーン少数派の決断

予選は横浜のマイカル本牧という場所で行われ、ＤｏｎＤｏｋｏＤｏｎさんが司会をしていました。僕は上位3組に勝ち残り、決勝は全国8か所から集まった挑戦者たちとの戦いとなります。司会はＣＭにも出ていた今田さんと東野さん。審査員にも西川きよしさんと当時の桂三枝さんが登場して、まさに吉本カラー全開の豪華な顔ぶれでした。ただ、その大会はＭ-1などとは違ってアマチュアのみの参加です。15歳の僕は最年少でした。出場者にはのちに吉本興業で活躍する芸人さんやサンドウィッチマンの富澤さんもいらっしゃいました。

決勝では、電化製品についての漫談を披露しました。当時「ダブルウインドウ」っていう、2つの番組を同時に観られるテレビがあったんですが、ウチのテレビはこれが進化して9個の番組が同時に観られますよ、という設定です。27インチの大型テレビだけど、3×3だからひとつの画面はすごく小さくて3インチで、しかもこの前「アタック25」を観たら3×3の中の5×5で1個0．1インチでさらに小さくなって……、みたいな3分ネタです。

そのネタで僕は優勝して100万円を獲得しました。のみならず、吉本さんからは具体的な番組名とギャラまで提示され、正式なスカウトの申し出を受けました。

そして、まったく同じタイミング、このライブと同年同月に新潟お笑い集団NAMARAが立ち上がります。たまたま噂を聞きつけていたNAMARAスタッフが東京ドームまで観に来てくれていたんですが、目の前で優勝した僕に駆け寄り、「新潟にも吉本さんのような事務所を作りたい、力を貸して欲しい」と言われました。

普通だったら当然、吉本さんを選ぶところですよね。事務所の規模だって99対1どころじゃない、100対0、いや200対マイナス100ですよ。ある人は「巨人のドラフト1位を蹴って草野球に行くようなもの」と言ってました。

でも、僕は納得いかなかったんです。本当におもしろかったら新潟でも売れないはずないじゃないか、と。まあ、いまでもぜんぜん売れてない僕が言っても説得力ないんですけど（笑）、なんで生まれた場所でやりたいことをやらないの？っていうのがすごくあったんです。

100万円の札束を手にしたとき、たった3分のネタですから「時給2千万円の世界がある‼」

って衝撃を受けたんですね。同時に「これしかないな」と思いました。他の仕事には行けないな、という天命のようなものを感じて、「よし、やってやる」と腹を決めました。

そして、やるからには自分が無理せず全力で勝負できる場所、新潟でやろうと考えました。まあべつに、東京に行った人も無理をしたわけじゃないと思いますけど。無理というより「新潟でお笑いをやる」という選択肢自体が当時の新潟には存在してなかったんだと思います。〝ないならつくればいい〟、そう考えたのはごく自然な成り行きでした。芸人を目指す僕の心の中には「売れ方も面白く、かっこよくありたい」という気持ちがあったんでしょうね。

僕は、奇をてらっても長続きしないと考えました。無理なく自然に奇をてらいたいっていうか、ナチュラルボーン少数派としてのプライドが疼いたんですね。当時は「ブルーオーシャン」なんて言葉は知りませんでしたけど、新潟は結果として「ブルーオーシャン」で、それは1位でもあり、同時にライバルがいないからビリでもあるということを意味していました。

芸人人生スタート

夢でしかなかった〝100万円〟でしたが、いざ手にしてみるとすぐに使い道が決まりました。まず、10万円はお爺ちゃんとお婆ちゃんに旅行をプレゼントする。そして残りの90万円は、僕が高校を卒業した後、実家のある長岡から新潟に引っ越して1人暮らしをするための資金、3万円×30

2019年に入って病気を患ったものの精力的に仕事をする高橋なんぐ。取材のこの日も、検査入院先の病院からBSNに直行、3時間の生放送後に対応してもらった。

か月に充てることにしたんです。そのかわり、バイトは一切しないという掟を定めました。我ながら尖ってますよね（笑）。

高校の3年間は〝土日だけ芸人〟みたいな感じで、月～金曜は学校に通い、土日だけ商店街の催しの司会とかをボランティアでやっていました。

高校を卒業して、じっさいに家賃が3万円の家を見つけて30か月＝2年半住みました。予定ではその時点で食えるようになってるはずだったんですけど（笑）、今度は1万円のところへ引っ越すことになったんです。「銭形金太郎」【★3】のスタッフが下見に来るくらいの物件で、幸か不幸か

★3 ネプチューン、くりぃむしちゅーら出演のバラエティ番組。ビンボー自慢の素人さんが登場する

本取材には来なかったんですけど、そんな暮らしをしている間にようやく食べられるようになってきました。首の皮一枚のところでバイトを経験せずに済んだんです。

とはいえ、弱小事務所であるわれわれNAMARAには、冷たい向かい風が容赦なく吹き付けていました。当時の新潟にはエンタメがほとんどなく、自殺率も全国1位2位を秋田と争っている頃。有名人と言えば水島新司さんや高橋留美子さんなど漫画家ばかり。ネクラで引っ込み思案の県民性、とさんざん言われようでした。考えてみたら、地方としての括られ方もおなじみの「関東甲信越」に始まり、社会の教科書だと「中部」。電力だと「東北」エリアで、気象庁の天気予報では「北陸」に入れられて、衆議院の比例代表や甲子園だと「北信越」。団体ごとの思惑に振り回されっぱなしで、いまいちイメージがボンヤリとしています。

でもそれって、ウラを返せば〝東日本のど真ん中〟ってことですからね。形もなんとなくミニ日本みたいだし、米やお酒も美味しいし、四季がはっきりしてるなど、売りもたくさんある。でもいかんせんPR力がなくて、地味な印象が拭えないんです。

当時、新潟のラジオにはコミュニティFM局もなく、県域放送は2局のみでした。NAMARAの社長といっしょに「大きな大会をやるんで、宣伝お願いします！ ゲストに爆笑問題さんを呼びます！」って放送局に頼みに行っても、「新潟に根付くわけないだろ、バカじゃないの」みたいな対応しかもらえませんでした。ほんとうに悔しかったですね。

M2

ラジオデビュー

新潟県内のラジオが主戦場！

新潟県で活動する高橋なんぐにとって、地域密着メディアであるラジオはなくてはならないものである。しかしただ単に「地元だから」というだけでなく、彼自身がラジオに大きな可能性を感じていたのだ。

僕にとって、ラジオは特別なメディアなんです。「ひとり」は好きだけど「孤独」は嫌いっていう、僕のようなワガママ人間に射したひとすじの「光明」みたいな存在なんじゃないかと思ってるんです。生のラジオに耳を傾けている時間って、ひとりでいても孤独ではないですよね。僕は、自分と同種の人たちのために光明を灯し続けておきたいんです。ワガママ人間のための共通空間を作りたいっていうか。

それに比べ、テレビには「ちょっと違うな」って感じることがたびたびありました。いま思うとバカみたいな話なんですが、ある番組内に新潟ローカルの「駅前伝言板」というコーナーがあったんです。そこでときどき、ライブの告知とかをさせてもらってたんですけど、その生放送中にNAMARAの芸人・森下【★4】ってのが脱いじゃったんですよね。言い換えると、局部を露出し

★4 森下英矢。アルビレックス新潟スタジアムMC、新潟プロレスのリングアナウンサーなどを務める。高橋なんぐ、中静祐介の高校時代の同級生

ちゃった（笑）。もちろんめっちゃくちゃ怒られて、事務所自体が出禁になっちゃいました。でも、当時やってた別の局のラジオでそのことを包み隠さず話したら超ウケたんですよね。そのとき「ああ、やっぱラジオだな」って（笑）。言葉で想像してもらうぶんには何も問題ないんだ！って改めて気付かされました。

いえ、ちゃんと被せてたんですよ？　うちの森下は当時レッチリ【★5】に憧れていて、股間にソックスをちゃんと被せてたんですけど、ルーズソックス【★6】だったんです。勢い余ってポロって取れちゃったんですよ。しかも僕らの次がピザ屋さんで、「秋のキノコフェア」の告知だったもんだから、そっちからも大クレームで（笑）。ともあれ、ラジオの可能性をすごく感じたできごとでしたね。

BSNラジオには、単発なら10代の頃から出演させていただいてました。二十歳そこそこのとき、週1のレポーターの仕事をいただくようになったんです。通常ならスナッピーというラジオカーを出してもらえるんですけど、僕はつねに徒歩。いつもマイクを持たされていて、現場直行で移動することになっていました。

でもむしろその環境に感謝することもあって、長岡ロケの予定だった日に大寝坊したときには、自宅からお送りさせていただきました（笑）。長岡には土地勘があったんで、「ああもう出かけなくてもソラで中継できるからいいや」ってぜんぶ家の中から放送しました。めちゃくちゃですけどね

★5 レッド・ホット・チリ・ペッパーズ。「THE ABBY ROAD E.P.」のジャケット参照
★6 ルーズソックスは新潟が発祥の地だという説がある

（笑）。途中で誰か来てドアをドンドンってされましたけど、「いやー、いろんな人がいますねえ」とか言ってなんとか乗り切りました。

おかげさまでそこから順調にラジオの仕事が増えて、県域局3局同時にレギュラーを持ったこともありましたね。2005～2008年だったと思います。

FM PORT【★7】の「TIME 4 YOU」っていう番組をレギュラーでやってたとき、どうしようかなって思ったことがありました。「4」は4時からの意味で、朝4時～5時の番組だったんです。番組の挨拶が「いってらっしゃい」なのか「おやすみ」なのか迷うような、だれも聴いてないような番組（笑）。これどうなんだって思って、ほかの芸人に譲ることにしたんです。

うちのNAMARAには「こわれ物芸人」という枠があって、かつては「脳性マヒブラザーズ」【★8】っていうのもいましたし、精神的に病んでる芸人もいっぱいいるんです。そういう子にチャンスをあげよう、ってことで、枠を後輩に譲ったんですよね。そうしたらその番組、めっちゃヒットしたんですよ。なんでかっていうと、朝4時って〝引きこもりのゴールデンタイム〟だったんです。

これがラジオのすごいところですよね。新潟中の引きこもりラジオリスナーたちがこぞって集まって、「すごくありがたい」ってお便りをたくさんいただきました。こういうパターンもラジオにはあるんだなぁ、って大発見でした。

★7 新潟県2番目の県域FM局。新潟県民エフエム放送。2000年12月開局。高橋なんぐは「TIME 4 YOU」のほか「Q職THE WAVE」なども同局で担当
★8 NHK教育「バリバラ」などで活躍。2018年11月解散

M3

金曜天国開始

BSN伝統の枠で「金曜天国」スタート

「高橋なんぐの金曜天国」は16年4月にスタートした。彼にとってははじめての午前中のワイド番組。「共犯者」（後述）を巻き込みながら、独自の「金天」ワールドをスタッフ、共演者とともに作り上げていく。

「高橋なんぐの金曜天国」（以下金天）をやっている金曜午前9時からの枠って、わりとこのBSNにとって特別なんです。以前、大倉修吾さん【★9】という、新潟では誰もが知るパーソナリティがいらっしゃったんですが、その方が最後までやっていたのが金曜のこの時間帯だったんです【★10】。新潟で午前のワイドといえばご存じこの人！という方で、バスツアーを企画すると20台は楽に出るというレジェンドDJです。

その方が引退されて以来、5年間は金曜のこの枠が半ば「死んで」いたんです。もちろん、CHA-CHAの桃太郎さん【★11】を呼んだりして、ある程度のテコ入れは図ったんです。でもどうしてもうまくいかなかった。

僕は「あれ、なんかこの枠、息してねえな」って気付いて、他の番組に出ている最中とかにちょっ

★9 元BSNアナウンサー。2001年定年後も同局で活躍。2016年7月死去
★10「大倉修吾の縁歌劇場」（2007-2011）。なお、最後のアシスタントは現在のなんぐ夫人
★11 松原桃太郎。番組名は「フラっとフライデー」

パーソナリティとリスナーの関係はまさに「共犯者」の関係。その証ともいえる「共犯者ステッカー」はなかなかもらえないレアアイテムである（金と銀のバージョンあり）。

かいを出し始めた。少しずつ、BSNに「出たいよ」アピールをしてみたんです（笑）。

「金天」でリスナーのことを「共犯者」と呼ぶのは、初回放送だったか正月にやったパイロット版だったか忘れてしまいましたが、僕がポロッと「皆さんのこと、共犯者だと思ってますからね！」って言ったのがきっかけです。リスナーが「それいいね！」ってピックアップしてくれたんですね。

教育関係の講演の仕事をしている関係で、警察の視閲式に呼ばれたりもするんです。そんなとき、たまに制服組のおまわりさんが耳元でボソッと「私、共犯者です」とか言ってくるんですよね。警察官が共犯者ですから！あとは牧師さんに言われたこともありました（笑）。どんなリアクション取ったらいいんだ

よ！（笑）

でもまあ、やっぱなんて言うんですか、「リトルトゥース」【★12】みたいなのが欲しかったわけなんですよね。

「聴けたら聴いてね」の真意

もうひとつ、〝番組2大ワード〟の一方である「聴けたら聴いてね」はアドリブから出ました。開始当時ですが番組のコマーシャルを録ろうってなったとき、「ズバッと最後にひとこと！」って言われて、ドラゴンボールの例のアレが頭に浮かんだんです。悟空の「絶対見てくれよな！」っていうやつ。でも「そんな上から言えないよ…」と思って、「聴けたら聴いてね」に落ち着きました。

これがけっこう定着してくれて、街で会った子供やおじいちゃんおばあちゃんが「聴けたら聴いてるよー」って言ってくれるのがすごくうれしいです。ラジオってそんな正座して聴くものでもないですからね。「聴けたら聴く」ってぐらい、お互いにスキがあるくらいがちょうどいいんです。

その「聴けたら聴いてね」に集約されているかもしれないですけど、ラジオって「聴かせる」ものじゃないと思ってるんです。だから、主語が僕にあってはダメなんですよね。下手なセールスマンって「売る」じゃないですか？　売るんじゃなくて、お客さんが自発的に「買う」方向に持って

★12 「オードリーのオールナイトニッポン」リスナーの総称

行かなきゃダメだろうなと思ってて。僕は自分が知らないことはぜんぶ曝け出してるんですけど、僕が調べる前にそっちが教えてくれ、という姿勢で番組に臨んでます。「この曲、だれが歌ってるんだっけ?」とか、すぐ投げちゃうんですよ。「放っておけないパーソナリティ」を目指してまして(笑)。僕が説明するよりもリスナーさんのほうが詳しかったりしますし。「えー、なにこれどういう意味?」って言ったら、メールで「なんぐさん、それ2年前の○月×日の放送で言ってましたよ」なん

てきます（笑）。

「金天」って、驚異的にクレームが少ない番組なんですよね。もしかしたら、ディレクターの薄田さんが僕に見せてないだけかもしれないけど（笑）。

昔はちょいちょいクレームをもらってたんです。ある事柄にちょっと触れたら、そんなつもりじゃなくてもにガーッと文句を言われてしまったり。でも、ここ数年でわかってきたのが、なんでも恐る恐るやったら逆にクレームが来ちゃうってことです。逆に「こりゃクレーム必至だな」と感じてても、自分の中で確固たる信念を持ってやってたら文句が一切来ないんですよね。稲田防衛大臣の自衛隊発言【★13】のときもどこまで言おうかと思ってて、そのとき槇原敬之さんの「もう恋なんてしない」に引っかけて「言わないよ自衛隊」までにとどめて置こうと思ったんですけど、もうワンフレーズ行けるかと思って「左に少し戸惑ってるよ」まで入れたんです。これはさすがに怒られると覚悟してたんですけど、称賛こそあれ、何も言われなかったんですよね……。ほんとに来てないんですかね（笑）。

好き勝手やらせてもらう！

じつは、番組がはじまった当初は別のディレクターだったんですよ。この番組やるとき、紙切れ

★13　当時の防衛相・稲田朋美が都知事選の応援演説で「自衛隊としてお願い」と発言し問題に

キューを振っているのが薄田D。サブとブースの距離感が近い、活気のある現場だ。

ペラ1枚の企画書を渡されたんですよね。先ほども触れましたが5年間は暗黒時代だったんです。「何とかしてくださいよ」って言ったらフリーのディレクターを呼んで来ました。「そっちで何とかしてくれ」ってことです。

そのDも「見返してやりましょう!」とかなんとか言ってたんですけど、初回の放送から来ないんですよ(笑)。そのまんま飛んじゃって、結局来ない。おいおいどうする?ってなったときに、15年間仕事を離れていた薄田さんが来てくれたんです。

薄田さん、そのときは主婦だったんです。大倉さんが現役だった昭和のBSNを知ってる人で、高校生のお母さんなんですけど急に引っ張り出された格好です。きっと薄田さんもわけがわからなかったと思います。でも、そのときがまったくの初対面だったんですけど、僕がもう走り出してるところを素早く察して、手助けする役に徹してくれたんですよね。いまにして思えば、そのスタートが良かったのかもしれません。

それまで、どちらかっていうと局の考えを忖度して〝できる範囲〟の中でやっていた僕が、今度はディレクターもいないし、どうせギャラも安いんだから（笑）、好き勝手やらせてもらうぞ！って走り出したところに薄田さんが加速を付けてくれた。薄田さんはほんと男前です（笑）。

去年の聴取率週間には新潟のラジオ史に残るようなこともやりました。これも薄田さんが泳がせてくれたからできたことなんですけど、生放送中に突然、裏番組に電話をかけたんです。FM PORTにいきなり電話して「生放送中の遠藤麻理【★14】に代わってくれ」と言って、そのやりとりはそのままお互いの番組で流れました。それぞれの番組リスナーからすれば「なんだこれ」ってなって、あとからradikoで聞き返したくなりますよね。おかげで金天にはFMからのリスナーさんもけっこういらっしゃいました。本当にゼロから耕して耕して、いまの金天があるんだと思います。

今日は取材が入ってるのでおとなしくしてるんですが（笑）、ふだんはもっとみんなワッキャワッキャしてますよ。こんな仲良しな現場で大丈夫なのかなって心配に思うぐらい。この番組は非常に特殊ですね。僕が局の人間じゃないからスタッフも居心地が良いのかもしれません。外部の人間だからこそはっきりと言えることもあって、「ギャラ安いよ」とか平気で言いますからね。自由な立場の人間だからこそできることってあるんじゃないかなって思ってます。

★14 FM PORT「Morning Gate」を担当するパーソナリティ

女子アナ再生工場

アシスタントはいまの林莉世【★15】で3人目なんですけど、BSNはほんとに〝困ったやつ〟を送り込んでくるんです（笑）。「こいつ、色がないから頼むわ」って。ひとつ前の渡邉智世【★16】はほんとに何もなくて、悪いわけではないけど良くもないっていう。悪ければイジりようもあるけど、アナウンス力がずば抜けてるわけでもなく、何かに長けてるわけでもない。でも僕、そういう人の扱いは得意なんです（笑）。

アシスタントって、初回にいっぱい持ってくるんですよ。〝水泳で県6位でした〟とか〝ポルトガル語検定3級です〟とか、中途半端な自慢を両手いっぱいに抱えてくるんです。察しのいい方はお気づきでしょうが、そういうのは容赦なくバスバス潰させていただいております（笑）。いままでむりやり作り上げてきた「個性」みたいなものを潰して潰して、それでも残るものが本当の個性だと思ってるんで、その残ったものを翌週から使っていけ、という感覚です。最終的になべこは共犯者の皆さんに愛され、惜しまれながら卒業していきました。

りせこも最初はぜんっぜんしゃべれませんでしたからね。いまはだいぶ自分の身の振り方を覚えてきてます。お父さんも毎週聴いてらして、番組の冒頭、時事を絡める曲紹介に毎回ダメ出しをもらうそうです。「今日のはちょっとインパクトが薄い」とか。

★15　2017年入社のBSNアナウンサー。東京都出身。番組では「りせこ」と呼ばれる
★16　2018年3月までのアシスタント。「なべこ」と呼ばれる。現在フリーに

林莉世アナとのコンビは2018年4月から。林アナのご両親も「共犯者」である。

でもりせこって本当に素直なんですよね。体重の話になったとき、「○キロだもんね」ってカマをかけたら「いえ、もうちょっとあるんです」って言い出して（笑）、「え、△キロ?」って5キロ上乗せて聞いたら「そこまではないです!」って、結局だいたいの体重がわかっちゃう。ぜんぶ言っちゃうんです（笑）。

僕がりせこにバーッってツッコむと共犯者たちが反応してくれて、「なんぐさん…、ビートルズ4人の名前なんて言えなくて当然ですよ!」とか絶妙なフォローを入れてくれるんです。とくに40、50代の男性共犯者はりせこを育てる感覚を持っていて下さるので、それを利用させてもらってます。調子乗ったなって思ったら「お前でも知っておくべきことはあるぞ」って釘を刺しますけどね。

M4

お笑い授業とラジオ

まわりを巻き込みながら進んでいく

高橋なんぐは幼稚園から大学までの学校やその他教育機関、ときには企業をまわり、本業である「お笑い」のエッセンスを下地にした講演、ディスカッションを行っている[★17]。全国からの依頼も増え、学校だけで年間80校も回るというから、彼のライフワークともいえる。そこには「ラジオ」との共通点も多くあり、相乗効果も生まれているという。

「お笑い授業」をはじめ、教育や行政に関連した仕事をさせていただいているんですが、講演などで一方的に喋るのがもたないっていうときに、目の前の子を壇上に上げたり、怖そうな先生にがんがんツッコミを入れるんです。たとえばおとなしそうな子に矢継ぎ早に簡単な質問して最後に「●先生のいいところは？」と投げかける。そしたら絶対詰まるでしょう？　僕の「…ないんかい！」で絶対受けるんです。そういう参加型というか、その場にいる人をどんどん巻き込んでいくやり方は、ラジオと共通していますよね。

万引きで捕まった中学生男子との面接のとき、「お前なんでこんなことしたんだ」とか保護司たちに問い詰められたあと、僕と彼が話す番が来て、その場の思いつきだったんですけど「つぎ、何盗

★17 「お笑い授業」と名付けた、学校、教育現場向けのお笑いプログラム。参加型の講演会で、生徒向けはもちろん、先生、保護者向けの会もある。ここから派生し、教育現場にとどまらず、さまざまな企業・団体から「お笑い×○○」の講演の依頼が殺到している

む の？」って訊いたんです。そしたらその子の目が「キラン」って光ったんですよね。「いやいやいや」とか言いながら目が輝いたので、「あ、いま通じたな」と感じました。これ、共犯者ってことですよね。他の大人たちは「なんでやったんだ」なのに〝つぎ〟を訊かれたもんだから「なんだこいつ？」って思って心を開いてくれたんですよ。こういうのはラジオから得た技術だと思います。

刑務所でも、「刑務所あるある、ありますか？」ってお題を出したらサッと手が上がって、「満期風を吹かす奴がいる」とか（笑）。雰囲気で「そろそろあいつ出所だな」ってわかるらしいんです（笑）。

シリアスな現場も多いんですけど、自分を相対化して客観視するって意味でもすごく面白い訓練をさせてもらってます。ラジオでもよくネタにさせてもらってますね。

小さいころの夢が形を変えて叶った

芸人を目指す前、僕は電車の運転士になりたかったんです。誰かをどこかに連れて行くということに憧れがあったんですね。それなら飛行機のパイロットの方が儲かるんじゃないか、って言われたんですけど、1点から1点じゃないんだ、と答えました。電車なら走ってる途中で乗り降りできますから。「いろんな目的の人がいろんな目的を達成するための手段のひとつになりたい」というようなことを小学校のときに考えていたんです。

僕がいま「金曜天国」でやっているのは自由に乗り降りができる電車の運転手のようなことかも

いま僕、「金曜天国」でそれをやれてるなって思います。ローカルラジオっていうちょうどいいサイズ感も含めて、スピードもビューン！じゃないんです。どこで降りてもいいし、どこで乗ってもいい。すごく抽象的になりますけど、いま3時間の生番組でやってることってそれなのかな、って感じています。

もしかしたら、小学校のときの夢がこういう形で叶ってるのかもしれない。番組が電車で、僕が運転士で、りせこが車掌。薄田さんは駅長で、みんなのきっぷにハサミを入れる駅員はADの吉田くん。もちろん乗客は共犯者の皆さんです。

「聴けたら聴いてね」って、「行きたいところがあったら乗ってね」ってことなんです。ま、運転手も乗ってるわけで、僕も乗客みたいなものなんですけどね。

〝ローカルオカマスター〟その魅力

樹根

SBS静岡放送
満開ラジオ 樹根爛漫

ON AIR 土曜 13時～15時

日本でトップクラスと言っても過言ではない、キャラの濃いラジオパーソナリティが静岡にいる。お名前は「樹根(じゅね)」。このご時世「オネエ」などと言い換えるべきなのかもしれないが、本人も使ってる言葉で表現させてもらうと「オカマ」キャラ全開のパーソナリティだ。歯に衣着せぬ本音トークに魅了されるリスナーが県外にも続出中だが、実は曲がったことが大嫌いな、男っぽい素顔の持ち主だった。

Cue sheet

TIME		内容	進行
		OP	生年月日などは非公開
	M1	業界以前	サラリーマン生活の傍ら、ゲイバーでアルバイト
1989	M2	ラジオデビュー	「フリーステーション1.2.0」でSBSラジオ初出演
1990			SBSラジオに不定期出演
			自身のお店「ムシュー・マダム」開店
1994	M3	初レギュラー	「うわさのワイド くんちゃん・香代子のハジけてドン!」出演
2001		初冠番組	「幻のBAR 樹根の館」スタート(～2007)
2010	M4	樹根爛漫	「満開ラジオ 樹根爛漫」スタート
2016			原田亜弥子アナが樹根爛漫のパートナーに
2019			10年目突入!

M2

ラジオデビュー

SBSラジオとの縁はバーから始まった

長年SBSラジオに出演している樹根。女性アナウンサーたちも一目置くご意見番といってもいい存在だが、最初にSBSラジオに出演したのは、37年前のことだった。

わたしに関する個人的なデータは非公表なんです。そういうの、ラジオを聴いてらっしゃる方には関係ないでしょう？　出身についてもねぇ…「同郷なんですよ！学校はどこ？」とか訊かれると「うるせぇ馬鹿野郎！」って内心で毒づいちゃう（笑）。いつの話してるんだよ、ってね。いまの人格を見てごらんって思うんです。人を社会的な属性で判断したくないのよね。

はじめてSBSのラジオに出たのは「フリーステーション1・2・0」【★1】という番組です。今井節子っていうアナウンサーから「みょうちきりんな仲間たち」というコーナーでしゃべるように頼まれたのね。今井さん、いまどうされてるのかしらね……、存じ上げませんけど、その今井さんに紹介して下さったのが篠ヶ谷さんっていう、「東海道の鬼ババア」としてキー局にまでその名を轟かせていたおばさまです。SBSでは初の女性部長という人物で、その方がわたしを可愛がってくれ

★1　1981～1984年放送の若者向け夜ワイド

たんです。

誰かのご紹介で、勤めていたお店で篠ヶ谷さんにはじめて会ったときに「田坂都【★2】の姉です」って言うもんだから、へー！って思ってね。たしかに似てると思って信用したんだけど、それ嘘だったのよ（笑）。わたし嘘が嫌いだから、すごく腹が立って怒ったの。そんなところから会話が始まったのは覚えてるわね。

「鬼ババア」っていうくらいだから、みんな怖がってたのよ、篠ヶ谷さんのこと。きっちりした人で口うるさくてね。「ちゃんと背筋伸ばしなさい」とか「髪の毛縛りなさい」とか、いまのわたしみたい（笑）。でも、そんな方でもお店では単なるおばさまですからね。パシッと言ってやったから気に入られたのかしらね。

最初から自然としゃべれた

偉ぶって言うわけじゃないけど、ふつうラジオのパーソナリティって、皆さんご自分から「やりたい！」って言っておやりになるでしょ？　わたしの場合はラジオもテレビも、自分から売り込んだことはないんですよ。もちろん、引き受けたからには責任を持ってしゃべってきたわけですけど。

はじめて番組に出たときは、打ち合わせで「ぜんぜんしゃべれないわよ」っていちおう予防線を張っておいたんだけど、終了後にはアナウンサーに「ぜんぜんしゃべれるじゃないですか！」って驚

★2　おもに70、80年代に活躍した女優

かれました。まあ「アナウンサーに負けちゃらんない」と思ってやってましたけどね。まったくアガらなかったし、秒数もちゃんと見ることができて、ディレクターの指示にも対応できたんです。水商売で覚えたことがラジオに完璧にフィットした感じ。まあ、ちゃんとした芸人さんに言わせると「アガったことがないことほど怖いことはない」らしいけど、マイクに向かったらアガってる暇なんてないわよね。アガってる間にしゃべれよってタイプなの（笑）。

よくそんなにずーっとしゃべれるよね、とよく言われるんだけど、バカな話よ（笑）。口を開けて声さえ出せば誰でもしゃべれるのよ。「原稿もなしで？」って言われるけど、原稿があるほうが邪魔でしょ？　だいたい活字の台本って、先読みしても必ず「けつまづく」ところが出てくるんですよ。いまやってる「樹根爛漫」にもいちおう進行表はあるけど、台本はないんです。まあ、大まかな時間の流れだけ頭に入れるけど、それだけよね。

M1

ルーツ

サラリーマンを辞め〝職業婦人〟を選んだ

「オネエ言葉」で毒舌を放つ樹根だが、番組では意外に男っぽいところも感じ取ることができる。いまの樹根の奥深い人間性はどのようにしてできあがったのだろうか。

ラジオで話し始めた頃、昼は男としてサラリーマンやってたんです（笑）。ネクタイを締めてね。4年くらいは勤めていたかしら。ファッション関係の仕事でした。母が病弱でお金が必要だったものだから、ゲイバーで夜のバイトを始めたんです。わたし、もともとヒゲも薄いし、身体も小さいし…その頃、7号サイズだったんです。普通の女子は9号でしょ？　華奢だから既製品で袖丈も直さなくていいんですよ。

バイトを始めてみたらずいぶん儲かるものだから、「そっか、こっちでお金を稼げばいいんだ」って気付いて、昼の仕事を辞めました。もちろん母にも言いましたよ。言うなれば〝職業婦人〟としてオカマになったんですね。

わたし、水商売が大っ嫌いだったんです。ほんっとにイヤでね、いまでも下戸で一滴も飲めません。でもね、当時から口だけは立ったのよ。アソコは勃てないけど（笑）。黙ってたら負けるでしょ？　そういう世界ですから。一瞬でも間を空けたらそこに入り込まれるという気持ちがあって、「1」言われたら「10」返すぐらいの意識でバババババって機関銃のようにしゃべってました。しゃらくさい、頭の上から物を言ってくる人も多いでしょ？　その鼻っ柱をどうやって折ってあげようかしらって考えるのが好きだったわね。攻撃型オカマなのよ。

いったん「職業」として決めたからには、それはもう研究しましたよ。〝男が女を演じて、男を愛する〟ということをね。エラそうに言ってても、元が男だから〝しな〟の作り方とかがわからないの

サービス精神が旺盛なところも樹根の魅力のひとつ。カメラを向けると、こんなポーズも。

よ。

だからね、「オカマ枠（わく）」のタレントとしてやってますけど、ほんとはすーっごい男っぽいの。短気だし、曲がったことが大嫌いだし。まったく女っぽくない自分が内側にはいるんです。だから親しくなってくると「樹根さんは『オカマ』じゃないのよねぇ」ってみんな言います。

もちろん「オカマやって」と言われたら徹底的になるわよ？　でもずーっとはできないんですよね、疲れちゃって。普通のオカマって「女になりたい人」ですからね。ですからわたしの場合、性別については「あなたの感じ取ったとおりでいいよ」という意識です。「樹根さんって男とセックスするの？」と訊かれても、「うーん、するかもしんないし、しないかもしんない」と答えてます。「どうしても」ってお願いされたら、よーく見て、してもいいかなと思ったらするかもしんないわねって（笑）。そこは性別関係ないのよ。でもこのキャラだから、男だったら見境なしにむしゃぶりつくと思ってる人が多いんですよ。でも、24時間女装して女ぶってるわけじゃないんです。

サラリーマンを辞めたときはね、あまりにも気に入らない上司がひとりいて、いまで言うパワハラ野郎ね。部下にとんでもなく失礼なことを平気で口走ったから頭にきて、「謝れ！」って大げんかして。みんなの目の前で謝らせた（笑）。その勢いで「謝っていただいたので辞めます」ってそのまま退職してやった。こんなこと書かないでよ（笑）。地位が上とか下とかそういうの関係なくケンカを売っちゃうのよね。

こんな人間にサラリーマンの世界なんて続くわけないじゃない。4年勤めてみてはっきりと悟りました。

「樹根」という鎧をまとう

ショーにも出てましたよ。八代亜紀の「雨の慕情」って歌があるでしょ？　雨々ふれふれっていうの。あれを歌いながら傘さして上からジョロで水かけてね。ドレスが水浸しになって何回も風邪を引きましたよ。でも知名度を上げるために人と違うことやらなきゃと思っていました。やっぱりやる以上はナメられたくなかったんですよね。ナメたらしゃぶるよ、って（笑）。

新宿二丁目だなんだってあの辺でみんなわーわーやってて知り合いも多いけれど、わたしは二丁目に出入りしてどうこうという人間じゃないのよね。ゲイの世界ってわたしは足を踏み入れてないんですよ。男色から出発したオカマキャラだと思われることが多いんですけど、そんなのは後から勝手についたイメージ。

どちらかというと「女形（おやま）」に近い存在なのかしらね。そりゃ梅沢富美男さんみたいに立派ではないですけど、やるんだったら徹底的に女を装わなきゃイヤだったんです。どこにも所属しないフリーランス・カマとして生きてきたんです。

この「樹根」というキャラはわたしの〝鎧〟でもあるのよね。普通の方がおっしゃったらケンカになってしまうようなことでも「樹根じゃしょうがないよね」と許してもらえますからね。

「樹根」の由来

20代の頃はね、そのころのオカマって「ようこ」とか「ひとみ」とか女っぽい名前の人ばっかりだったんだけど、気持ち悪いでしょ（笑）。ご案内のとおりわたし、中身が男だから。だから、ある方のお子さんの名前をお借りしたんです。男の子で「樹根」って、親も良くこんな名前考えたわよね。

公開放送ではヘアメイク、衣装をばっちり決め込むが、通常の放送は肩肘張らず、素顔のまま。

字面は男っぽいのに響きはやわらかい。オカマでやっていくのにちょうど良いから「お借りします」と断ってね。読めない人はじゅこんさんって言ってきますけど（笑）。

ゲイバーの頃は、バブル直前ということもあってそりゃあまあ〝入れ食い〟だったわよね。ちょっと〝身体検査〟したいと思えば、すぐよね。スーツを着て普段は素の部分を隠してる人ほどすごいんだから、やっぱり。〝気持ち良いこと〟をちょっと教え込んだら帰ってくるのよ、鮭みたいに。まあこっちも中身は男だから良くわかってるし、ちょっと刺激してあげたら「気持ち吉野の山桜」になるわけ。「人の身に 我が身を入れて揺

さぶれば 気持ち吉野の山桜かな」って、ご存じ？ 引き出しだけは多いのよ、わたし。「雨上がり柔らかいのは土手の糞」ってね。長く生きていればこれくらいはね（笑）。とは言っても放送では何年も50歳で止まってるわよ。

M3

レギュラー開始

1〜2ケ月のつもりが今日までずっと

これまでのSBSラジオにはいなかったキャラクターだけに、時折呼ばれた番組内でも異彩を放った樹根。制作者側もそんな人材を放っておくはずもなく、レギュラーが開始、ついには冠番組もスタートする。

しばらくはお店を任されたりしていたんですけど、三十代の半ばで独立したんです。静岡で「Monsieur Madame」（ムシューマダム）というお店をやってました。字面だけ見たらモンスターマダムみたい（笑）。

まあ、お店をやってるって感覚はずーっとなくて、お客さんがやってくれてたみたいなもんね。ゲイバーじゃなくって、ラウンジね。ソフトジャズをかけて、金と黒の内装のちょっと高級なお店でした。若い人とか汚い人とか入れたくなかったんで、なるべくお客さんは選んでましたよ。年齢層もちょっと高めのお店でした。

そっちが忙しかったのもあって、ラジオにはたまに呼ばれて顔を出すくらいでしたね。三遊亭鳳楽さん【★3】がやっていた「東海道それゆけ4時間!!」という番組のコーナーにちょくちょく出てたくらいです。

そうこうしてるうちに、新しく始まる「うわさのワイド くんちゃん・香代子のハジけてドン！」【★4】の1コーナーに出るよう頼まれたんです。「1～2か月ならいいわよ」と引き受けました。ちょっとの間だけと言ってたのが、何か月か後にはタイトルの後に「樹根のハジけてピュッ！」って付けてくれて（笑）。そのうち番組名が何度か変わりながら【★5】、番組は14年も続くことになったというわけです。

お店を辞めて「しゃべり」専業へ

お店は結局10年やったけれど、その間にお客さんがひとり、ひとりって亡くなっていったんです。年齢層が高かったもんですからこればっかりは仕方がない。とはいえ、いまさら新規のお客さんを開拓する気も起こらなかったので、思い切ってお店を閉めて、仕事をしゃべり一本に絞ったんです。ラジオだけじゃなくてイベントもあるだろうし、頼まれたら出かけていって、おしゃべりしてギャラをもらえるならなんとかなるでしょ、って考えたの。若かったわね（笑）。

★3 現在もSBSラジオ「鳳楽・上ちゃんの歌謡曲 電リクでナイト」を担当
★4 1996年4月開始。くんちゃん＝國本良博アナ、香代子＝影島香代子アナ
★5「猛烈昼下がりアッパレ！ハレハレ」「くんちゃんのらぶらじ」など

でもまあ、「お店が外に出ていった」って考えれば、店を経営するよりラクじゃない？とも思ったのよね。お通しを作らなくていいし、グラスも洗わなくていいなら楽だわ、と頭を切り替えて。
その頃始まった「幻のＢＡＲ 樹根の館」【★6】はまさにそういうコンセプトの番組で、6年やらせていただきました。番組をバーに見立てて、ゲストとおしゃべりするんです。本物のバーテンダーを呼んで、シェーカーを振ってもらってね、ゲストに合わせたカクテルをお出しして。ＳＢＳラジオのアナウンサーにはじまり、新潟県内で活躍されている人なんかもいろいろお呼びしましたね。

M4

「樹根爛漫」

どこにもない、ここにしかないラジオを

これまでの金曜の午後ワイドから独立する形で、2010年春に「満開ラジオ 樹根爛漫」がスタートする。"ラジオモンスター"とも称される樹根と、2016年からコンビを組む原田亜弥子アナウンサー【★7】の掛け合いを楽しみにしているリスナーは多い。

原田亜弥子のご両親、お父さんとお母さんとわたしね、同い年なのよ（笑）。お父上なんて誕生月までいっしょ。だから原田にしてみたら不思議な気分なのかもしれないけど、でも……。友達なんだろうね、無二の親友。知らないうちにそうなってたわね。向こうから話しかけてきたというの

★6 2001年10月～2007年9月まで日曜の夜に放送
★7 2003年入社。SBSテレビ「Soleいいね!」にも出演

はなんとなく覚えてるのよ。「それが運の尽きね」、って言ってるんだけど（笑）。

いきなり波長が合ったの。「樹根爛漫」が始まるずっと前よ、あの子がまだ新人の頃。ずっと仲は良かったんだけど、あの子、基本的にテレビの人ですからね。1、2度ロケで仕事したことはあったけど、それっきり。塩沢アナ【★8】が交代するときに「原田亜弥子はどう？」って推薦して、ようやくいっしょに仕事ができるようになったんです。

入社してすぐくらいから「この子は磨けば光るわ」って目を付けてはいたのよね。だから化粧の仕方とか口うるさく言ってきました。ファッションもひどかったから、イチからぜんぶ教え込んだんです。

阿藤快さん【★9】が原田のおじさまの同級生で、子供の頃から可愛がってもらってたらしいのね。阿藤さんはSBSで原田に会うたびに「お前は美人だかブスだかわっかんねー！」と言ってらして、そこからあの子の「美人だかブスだかわからないアナウンサー」というキャッチフレーズは来ています。世田谷のお嬢さまで、お母さんもすごい美人なのよね。「なんであなた、お母さんに似ないのよ！」っていつも言ってるの（笑）。お嬢さまだから「1～2年だけ」ということで東京から出してもらって、いよいよ東京に帰るってときに「あんたもうちょっといなさいよ」ってわたしがコンコンと言い聞かせたわけ。当の彼女だって、せっかくアナウンサーになったのに辞めて帰りたいわけじゃないから、すごく努力したと思う。いまはほんとにマルチでしょ？ ニュースも読めるし、テレビのMCもできるし、オカマの相手だってできる（笑）。各局が欲しくてもなかなか得がたい人材です。

★8 塩沢香織。「樹根爛漫」スタート～2016年3月まで担当。現在フリー。
★9 SBSラジオでは「愉快!痛快!阿藤快」でレギュラー出演。原田アナも同番組で5年間アシスタントを務めた。2015年没

原田亜弥子アナウンサー（右）とのコンビは4年目に突入。建前なしの本音で話ができる関係性だからこそ、おもしろさが倍増する。

はっきり言って、原田亜弥子は〝別格〟よ。芸能人で言うと山口百恵よね。百恵ちゃんを発掘したというおじさまに一度お目にかかったことがあるんですけど、田舎ムスメでだれも鼻も引っかけなかった女の子を見た瞬間に「この子は絶対光る！」って思ったそうなのよね。原田も見た瞬間同じような感じがしたのよ、って、これはさすがに褒めすぎよね（笑）。

でもねえ、わたしが指導しすぎたせいか、わたしがいないときでも「樹根さんといるみたい」って言われるらしいわよ（笑）。本人も「だんだん樹根さんに近づいてきてる」って自覚があるみたい。感性が似てきちゃったのね。まあ、それでいいじゃない？

「あんたが得して笑顔で生きていけるように、自由に振る舞えばいいのよ」って言ってるわ。どこ行っても「原田さん！原田さん！」って声をかけていただけるアナウンサーってそういないでしょ？

渦中の人物もゲストに

原田龍二さん【★10】はわたしが「呼べ！」って言ったんです。ファンと不倫とかね、大したことじゃあるまいし、あんた現場を見た人なんていないんだからね。雑誌に書かれただけでしょ？ そんなのホントかわからないじゃない！と主張したら、うちのチーフも「呼びましょう」って最後は納得してくれたんです。とにかく東京にいるより静岡に来なさいって呼んだのよ。局側も「樹根がやることだからどうにかするんだろう」と思ってくれたんでしょうね。

取り立てて深いご縁があったわけじゃないんですよ。原田亜弥子が入社して2年目ぐらいに、なにかの番組で太秦に行ったことがあって、そこに原田龍二さんがいらして写真をいっぱい撮ってきて見せてくれたことがあったの。快く撮影に応じてくれて、すごく爽やかな方だった、って亜弥子も感激してて、その記憶があったのよね。もちろん「計算」もあったわよ。いま彼を呼んだら絶対におもしろいじゃない？ サテライトの前に集まってくれた人たちも暖かい雰囲気で、声援まで起こってたわね。

わたしが「あんた、ジッパーは右手で下ろしたの？ 左手で下ろしたの？」とか訊いたら、龍二

★10 2019年6月8日放送回では、不倫報道で涙の会見をしたばかりの原田龍二をゲストに迎えて公開生放送を行った。涙と笑いの温かい雰囲気の放送に

本番中、サブも笑いで包まれ、2時間はあっという間にすぎる。

さんもまじめよねえ、「うーん、覚えてません」って（笑）。
　それにしても、わたしも歳よね、原田龍二さんのことを考えながらしゃべっていたら思わず感極まってしまって涙ぐんじゃって（笑）。彼を応援しながらも、悪いところは悪いって言わなきゃいけないでしょ、もちろん「気にしなくて良いわよ」ということが言いたかったわけですけどね。最後の方のトークはほんとに支離滅裂になってました（笑）。でも亜弥子が頑張ってちゃんとまとめてくれたわ。オカマのわたしがメチャクチャ言って、女子アナがきれいに（?）まとめてくれる、こんな毛色の番組は全国どこにもないと思います。

ギリギリのキワキワを攻めていく

ラジオではリスナーに向けて丁寧すぎて悪いってことはないので、極力きれいな言葉でしゃべってますけど、それだけだと飽きられてしまう。このキャラに乗じて、ときどきは「クソババア!」って言ってみたりね。でもその後でちゃんと「ほんとのババアには言えないのよ、美しいオバさまだから言えるのよねぇ」と付け加えるの。打ち消すのって大事よ。強い言葉を言っても「ぜんぶ踏まえて言ってるんだ」ということをちゃんと知らしめないといけないんです。

「樹根」というキャラの性質上、放送禁止用語のギリギリのキワキワを行かないとダメでしょ。だから、そこだけはものすごく神経を使うわね。女性器の名称を叫ぶわけにもいかないから、「タイもいいけどレマン湖も素敵よねぇ」って原田に振るのよ。あの子も「いいですよね!行ってみたいです!」と普通に返す。気付いてるのかどうかわからないけど、平然とね(笑)。そうするとなんとなくマトモに聞こえるでしょ。コンビネーションよ。

リスナーがどう思ってるかしらないけど、ふざけた耳で聴けばゲラゲラ笑えて、言ってる内容は一応はまとも、というラインを狙ってます。とにかくラジオの向こうの方が1度でも2度でもゲラゲラ笑える番組という所だけよね。それ以外に決まってることはなくて、よほど悪いときだけ「こうしたら?」と提案することはあるけど、他には特に指示を出すことはないわね。ほーんと、自由にやらせていただいております（笑）。

使い捨ての世界からは距離を置く

東京は東京で頑張ってると思いますよ。娯楽がこれだけ増えてる中で、各局がなんとか生き延びようとしてるわけでしょ。地方はのんびりしてるな、というイメージの中でやってるから、そういうことを考えると、スポンサーひとつにしても東京はすごい大変だろうなって思うわね。地方だと「顔見知りだからどうかひとつ」ということもあるでしょうけど、東京はシビアですからね。

東京進出を考えたことはまったくございません。キー局からもテレビのお仕事の依頼が来るけど、「都内に出たがってる人が他にもいっぱいいるでしょ？　そういう方をお使いになれば」とお断りしてます。どうせギャラも低料金でしょうし（笑）。東京が〝使い捨て〟の世界だってことは知ってますからね。良いときに使い倒しても、悪くなったら責任なんて持ってくれません。そうなって寂しい思いはしたくないし、実際そういう人をいくらでも見てますから。「出演させてやる」って言われて、お金をかけていろいろやってね、それが戻ってこないで潰れちゃった人なんて数え切れないほど知ってます。それこそいま話題の「反社会勢力」とかね、後ろにくっついてるところもさんざん見てきてね（笑）。それを知ってるから、東京にノコノコ出てって「あー売れたわ」なんて笑ってられないわよね。

こんなこと言ってると、なんだかわたし、カネカネ言ってすごい守銭奴みたいよね（笑）。そうじゃないのよ。「お金のため」というのは、税金も家賃も払わなきゃならないから言ってるだけで、そういう意味での「お金」のことなんですよ。いっぱい溜め込んで貯金して、とかそういう考えはいっさいないんです。生活ができるお金さえあれば、あとはみんなで使いましょ、というタイプだし、その代わり、わたしが「ぜんぶ使っちゃってお金ないのー」って言ったら誰かが「大丈夫よ」ってお金を出してくれるのよね、いつも不思議と（笑）。特に原田（亜弥子）なんて、どっちがお金出すとかそういうのがまったくないのよ。このあ

とにかくラジオの向こうの方が1度でも2度でもゲラゲラ笑える番組でありたい

いだタイに行ったんですけど【★11】、そのときも2万円ずつ両替して、あの子にぜんぶ持たせたの。

「そこから払っておいて」と言って、どちらが幾ら払ったかわからない状態だったのよ（笑）。

「もらい上手はあげ上手」って意味わかるでしょ？　原田亜弥子にはそういう〝オカマのテクニック〟を教え込んだのよ。「ちょうだい」と言わなくても向こうから勝手にくれたくなるような、ね。こちらから先にぜんぶさらけ出していけば、みなさん良くして下さるものなんですよ。

★11　樹根爛漫×タイ国際航空×JTBのコラボ企画「樹根・原田亜弥子といく！貴方と会いタイ！素顔の二人とラグジュネツアー」

〝ほんまもん〟の ディスクジョッキーの矜持

ヒロ寺平

FM COCOLO
HIRO T'S AMUSIC MORNING

ON AIR 月～木曜 6時～11時

2019年6月3日、番組中に9月いっぱいで引退することを表明したヒロ寺平。1989年の開局時からFM802を引っ張り、唯一無二のスタイルを確立した、まさに日本のDJ界のレジェンドである。ヒロT独自のスタイルがどう形成されていったのか、そしてラジオへの熱い思いは…濃密なDJ人生を語ってもらった。

※本記事は2019年3月末にインタビュー取材したものを元に構成しました。

Cue sheet

TIME		内容	進行
1951		OP	大阪府大阪市に生まれる
1966	M1	学生時代	本格的に音楽活動開始
1973	M2	ギター販売	ヤマキ楽器社員として、カナダに渡り、英語も習得
1978			オリジナルギターをデザイン、発売
1979			結婚、その後2男1女をもうける
1984		英会話学校	英会話学校設立
1985	M3	DJデビュー	ラジオ関西、ラジオ大阪でレギュラー番組スタート
1986			NHK-FM「ワールドポップス'86」担当
			FM大阪「ラジオパパ」担当
1989	M4	802時代	FM802開局。「FRIDAY AMUSIC ISLANDS」担当
1999			朝の番組「HIRO T'S MORNING JAM」(FM802)を担当
2013	M5	COCOLO時代	FM COCOLOに移籍、「HIRO T'S AMUSIC MORNING」担当
2019		DJ引退	2019年9月30日オンエアをもって引退を表明

M1

学生時代

大阪からミュージシャンをめざして

ヒロ寺平から音楽は切り離せない。生家や親戚の家業の関係で、幼少の頃から身近な存在だった音楽だったが、気づけば自然とプロのミュージシャンを目指すようになっていた。

家業はレコード屋さんでした。場所は、いまの吉本・NGKの真ん前、いわゆる〝ディープサウス〟って言うのかな、〝濃い〟大阪のど真ん中で生まれました。大劇【★1】がすぐそばにあって、そこにやってくる歌姫たちがうちでサイン会や握手会をやってました。〝レコード屋〟というおしゃれな感じとはほど遠い店でした。隣りがパチンコ屋だから、朝は10時から軍艦マーチで始まり、昼はごちゃ混ぜの演歌やら歌謡曲やらが絶え間なく流れていて……まあ、音楽に縁のある生まれなのはまちがいないね。

音楽を積極的に聴き始めたのは12〜13歳。実家のレコード屋はもう畳んでたんで、ラジオから流れてくるビートルズの洗礼を受けました。当時聴いてたラジオはAM中心で、三保敬太郎さんってわかるかな？「11PM」のテーマを作曲した人。作曲家でありながらレーサーでもあるっていう〝ザ・東京〟という洗練されたイメージの人なんやけど、彼が音楽について語る番組。あとはマエタ

★1 大阪劇場。現中央区千日前2丁目にあった

ケ【★2】さんと木元教子さんの「東芝ヒットパレード」とか。洋楽をずっと聴いてました。当然、夢はミュージシャンだよね。

はじめはリードギター志望だったんです。でも中学を卒業する頃、クラスの女子に「いちばんかっこいい楽器は?」ってアンケートをとったら、答えはみんな「ドラム」「ドラム」「ドラム」。「ドラムモテるやん!」ってなってドラムに変更した(笑)。レコード屋を畳んだあと親父が楽器の卸をしていたので、どっかの小売屋さんが倒産して引き上げたドラムセットを格安で買ったんです。ベースドラム、タムタム、フロアタム、スネアっていうベーシックなやつだった。まあでもエラい目に遭ったよ。あんなもんを毎回運んで行くのは本当に大変で(笑)。しかもギターやベースの後ろにいて目立たない。あっ、でも僕は歌うドラムだったけどね。カーペンターズスタイル。僕のバンドだから僕がいちばん目立たないといけない(笑)。

僕らのバンド、「ヤンタン」に出たこともあるんですよ。当時は「歌え!MBSヤングタウン」【★3】って名前でしたね。斎藤努さんっていう局アナと、いまの桂文枝さん、当時は三枝さんが曜日替わりで司会をやっていて、千里丘で公開録音のオーディションがあった。僕らのバンドはそのオーディションに受かって、高2と高3の2回出ているんです。高校時代はそれほど練習熱心だったわけでもないけど、学校祭とか文化祭とか、良い思い出になってますね。

高校時代が終わり、バンドメンバーのひとりは関大、僕は関学(関西学院大学)に行った。僕は

★2 前田武彦(1929-2011)
★3 「MBSヤングタウン」の前身の番組。1967-1970年放送

クラブ活動しない人だったんだけど、関大の軽音部に入った彼が「ギターに上手いのがいるから3人でやらないか」と言うんで「いいね、すぐやろう」って感じで3ピースバンドを始めたんです。ジャンルは、クリームとかグランド・ファンク・レイルロードみたいなハードロック。始めてみて困ったのは、楽器のショボさでした。みんな安物使ってたからね。日本製もいいけど、プロ志望ならやっぱり憧れはギブソンとかでしょ? うちが楽器屋だったからある程度安く買えたけど、それでも〝SG〟欲しいね!ってなったら、六掛けでも14、5万円はするわけですよ。楽器の値段って当時から変わってないね。

ロック喫茶の「キューピッド」ってのがあって、狭い喫茶店なんですけど、1ステージ3千円だったかなぁ。あとは企業のクリスマスパーティに呼んでもらって小遣い稼ぎをしたり。そういうときは、みんなが知ってるようなビートルズとかを演ったりして。ABC名画試写会の前にバンドでちょっと演奏するようなこともありました。そんな風に地道に活動してたらヤマハの人に可愛がられて、ポプコンの前にあったライトミュージックコンテスト、通称LMコンテストに出るように勧められたんです。結局、近畿地区の最終選考までは行きましたよ。

そんな頃、ちょうどアリスとかのフォークブームが来たんです。僕らはロックだから、フォークを蔑むんです。「軟弱な音楽や。なっとらん!」みたいな(笑)。でも奴らの人気はすごい。「いちご白書をもう一度」のバンバンがヤングジャパンって事務所に所属してたんですけど、うちのバンドのベースがそこに引き抜かれちゃったんです。バンバンのバックバンドだから、いきなり厚生年金会館・

大ホールの2千人の前で弾けるわけですよ。僕らのバンドは森ノ宮の青少年会館小ホール2百人すら埋まらなかったのに（笑）。そりゃベースの彼だって舞い上がっちゃうのはしょうがない。まあ、バンドは空中分解ですわ。

そう！ その前に、もっと決定的なことがあった。桃山学院大学の学祭でオールナイトコンサートがあって、全国の軽音楽部の腕の良いバンドが集まって演奏するんです。僕らの前にやったのが愛知学院大学の軽音楽部で、フルバンドが出てきて、サックスが前に5人並んで、トロンボーンがボーンと吹いて、とんでもない迫力やった。そのあとで僕ら3人が始めたら、みんなトイレタイム（笑）。講堂からだれもいなくなった。で、僕らの後が上田正樹ですよ。当時はまだブラッドスウェット＆ティアーズのコピーをやってたのかな、彼らのバンドが出てきたらまたウワーっと人が戻ってきた（笑）。

完膚なきまでに叩きのめされたね。腕がぜんっぜん違う。これじゃプロになっても絶対に食っていけない。そこへ来てベースがいなくなった。

これはあかんわ、って気付いたのが大学4年の11月。遅まきながらさあ就活だ、ってなったんですけど、何をどうしたらいいかわからなかった。周りを見渡して、手近なところで騙せるのは親しかいなかった（笑）。

M2

カナダへ

ヒロT、ギターを売りに世界へ

FM802のシンボリックなワードである「ファンキー」。かっこよくて、いかしていて、そして泥臭い…まさにヒロ寺平の20代はファンキーそのものだった。

当時、親父の兄が信州でギターを作っている会社【★4】をやっていたんですけど、親父はそこの商品の卸売り拠点として大阪に「ダイオン」という会社を構えていたんです。ギターのブランド名も「ヤマキ」で、わりと質も良くて、名古屋にある貿易商社を通して海外にも輸出されていました。

そこで僕は親父を「うちは工場を持ってて自社ブランドがあるんだから、中間マージンを取られるより、直で輸出する方が利益につながるし、やろうよ!」って焚きつけて、さらに「後発のメーカーとして英語力が弱いのはマズいから、勉強の時間をくれ」と訴えたんです。モラトリアムをもらう言い訳です。

その上で、付き合ってた名古屋の商社のツテを頼って、カナダ全土にギターを卸売りしてる会社に単身で渡って、カタコトの英語で頼み込んだです。「僕、英語はあまりできないけど、頑張るよ、最低賃金でいいから雇ってくれ」と。向こうもユダヤ系の商人だったから計算が速い。「最低賃金?

★4 ヤマキ楽器。叔父にあたる寺平一幸氏が長野県諏訪地方に設立

オッケー！」って（笑）。

仕事は倉庫番の兄ちゃんです。その時の初任給は400ドル。カナダドルでも200円ちょっとの時代だったので、月8万くらいかな。貧しいね。でもその会社、不動産をたくさん持ってて、汚いアパートを100ドルくらいで貸してくれました。そう、だから僕の場合は留学じゃない。ビジネスとしてカナダに渡ったんです。

オンリーワンが世界基準だ！

17時にピタッと仕事が終わるので、コミュニティカレッジに通いました。ひと月40ドルくらいだから安いんだけど、とにかく厳しい。18時30分から22時まで、課題も出されて、スパルタで詰め込まれるんです。プリントを渡されて「はい、読みなさい」って言われ、指でなぞってたらパーンって手を叩かれる。「遅い！」って叱られ、「はい、プリント裏返して！　なにが書いてあったでしょうか」って。こんな調子。移民が明日から食うための訓練所という感じでした。すごい頑張りましたよ。

カナダでの2年を通して気づいたいちばん大きなことは、日本人の〝ブランド信仰〟でした。ギターの世界で言うと、ギブソンがあり、フェンダーがあり、マーチンがあって、そのなかで、例えばマーチンが20万円するところを、同じスペックで作ったものを5万円で海外に出すというような「模倣」が日本の文化で、うちのヤマキもそうだった。

でも、カナダ人のライフスタイルを見ていると、女の子のバッグなんかに例えると、お店に見に行って、デザインに惹かれて「おっ、これユニーク！」って近づいて値札を見る。自分の予算内で買える。使い勝手も良い。意外にオンリーワンじゃん、と。それで買う。日本人は違いますよね。まず、やれヴィトンだグッチだとブランドから入る。あっちは「オンリーワン」が大事なんです。

そや、これや、と。コピーしかないギター業界にオリジナルのオンリーワンなギターをぶつけてみよう、と僕は考えたわけなんです。

ヤマキのギターは質が良かったので、マーチンのコピーとしてもそこそこ評判が良かったんです。でもあるとき、ヤマハインターナショナルの弁護士がやってきて、「あなた『ヤマキ』という名前でギター売ってますけど、ヤマハはもっと前からやってますね、日本ではヤマハとヤマキは違うかもしれませんが、われわれにとっては類似商標です。とんでもない額の賠償になりますよ」と脅してきた。そこで僕は、実家の卸売り会社の名前である「ダイオン」をブランド名にしようと親父に訴えたんです。「俺がデザインするから、ダイオンでいこう」と。

（写真を見ながら）これ、「ヘッドハンター」って名付けたギターです。かっこいいでしょ？　こないだラリー・カールトンが来たときに見せたら「いいね！」って言ってましたよ。ギタースタンドを使わずに立てられるようになってるんです。そのころ年に1本アコースティックギターをデザインしようと決めて、Ｔｈｅ78から79、80、81、82まで作りました。あと78ヘリテージ。これは単板で、サ

「daion guitar」で検索するとずらりとヒットする（左下がヘッドハンター）。コペンハーゲンのダイオンギター愛好家からはFacebook経由で「今度ダイオンギター愛好家を集めたイベントを開くのでデザイナーであるHirotsugu Teradairaも来てくれ」と招待されたとか。いまでもヒロTデザインのギターを愛用している人が世界中にいるのだ。

ドルにも牛骨じゃなくってブラス（真鍮）を使ってサスティンを伸ばす工夫をしました。

細かい注文を叔父さんに出してね。どんだけケンカしたことか（笑）。メーカーとしては少ない種類を大量に生産したいのに、僕は毎年1種類ずつアコースティックギターを増やし、さらにエレキギターにまで手を出したもんだから。国内のマーチンコピーのラインはそのまま残ってるし、ヤマキは必然的に多種少量生産になっていったんです。怒る叔父さんに「高く売れるから作って下さいよ！」ってお願いしてね。

それまで安価な部分でしか戦えなかったのを、バイヤーの前で「うっとこではこんなに特徴のあるギター作ってんねん、あんなコピーになんぼ払っとんねん！」って啖呵を切れるようになった。

カナダで学習したもう一点は、買う人も売る人もイーブンってこと。これだけのスペックがあって、この値段で、キミ、買わなかったら損やで？　今すぐ決めて。俺は決めたらトコトン付き合うよ……というような感じのことを世界中の人相手にやって、ギターを売って歩いたんです。


叔父さんに無理を言って作らせたギターは本当によく売れました。ところがね、ひとつヤバいことがあって、ギターっていうのは木なんですよね。どんなに製造を増やしたくても、木という天然素材が乾燥していないまま作るとエライことになるわけです。作れる本数が１０００本って決まってたら、それ以上はどう頑張っても無理。なのに、注文が３０００本とか来てしまった。

当時、国内ではギターが売れなくなってってね。ギターじゃなくて、みんなテニスラケットを持ち歩くようになっていった時代。でも、ヤマキとしては傘下にたくさんの下請けを抱えているわけで、彼らを食わせるために自転車操業をやっていた。そこへ3倍の注文が来たものだから、「作れ！」の大号令ですよ。極端に言えば、さっきまで裏山に生えてたような木まで伐ってきて作る。作る。作りまくった。それをコンテナに入れて、船便で2週間かかってロス行って通関して、コンテナのままトラックでシカゴへ送ると「ヒロ、オールクラック」と、わざわざ写真をつけて速達で連絡が来た。冬の乾燥でぜんぶ割れていたんです。

ひとりでシカゴに謝りに行きました。ミーティングルームでユダヤ人5、6人に囲まれて、さあどうする?ってなったときに「ギターはたしかに割れていた。でもペグ（糸巻き）には良いパーツが使われてるから、それを売ったら1500円にはなるんじゃないか」と切り出してみた。全返品だけは避ける交渉ですよね。すると向こうは「アメリカ人がペグをひとつ外すのにどれだけ時間がかかるか、わかるか?」と聞いてくる。「2時間かかるよ。その時給は誰が払う? 1500円の部品を外すのに1500円の賃金を払うのか?」と切り替えされ、こちらはグウの音も出ない。「いままでこんなひどいことはなかったから、たまたまだろう?」と来たから「もちろんです」と。『それならこうしよう、と次の1年分の注文の計画書をポーンと出して、「1回が100万円で12か月、トータルで1200万の注文を出そう。ヒロの利益がどれだけあるか知らないけど、ここから10％値引きしろ」と言うわけです。それで今回のクレームにちょうど充当できるから、手打ちにしてやろうと。

持ち帰って親父に「こういう状況になりました」って報告したら「今すぐ12か月ぶん（のギター）を作れ!」とか言い出して（笑）。会社が火の車だからね。また裏山から木を伐って来ざるをえない。ほどなくして倒産しました。

お金が欲しいからって質の悪いプロダクトで供給を過多にしちゃうような人とはやってられない。だけど、あなたがボスなんだからあなたの好きにしてください、と僕は〝独立〟しました。83年の頭のことです。

M3

ラジオデビュー

英会話学校の立ち上げ、そしてDJへ

1979年に結婚、82年に長男、83年には次男誕生。そのタイミングで家業からは独立。さぁどうする、というとき、バンドやカナダ、ビジネスマン時代など、これまでに身に着けた経験がヒロTをまったく違う世界に導く。

嫁さんと子どもを食わさなあかん、でも何もあらへん。どないしよ…。「そや、英語や！　英語を教えよう」と決めて、ミナミのアメリカ村の三角公園のすぐ横にあるめちゃくちゃ汚いアパートの一室を75000円で借りて、84年の11月に英会話学校・パンプキンをオープンしました。自分でチラシを作って、朝も早よから出勤時間にあわせて毎日配り歩きました。御堂筋線で言ったら難波、心斎橋、本町、淀屋橋の4駅。11月までに申し込んでくれたら入会金はタダです、って。はじめは子供に英語を教えるつもりだったんですけど、チラシを配った場所のせいか、OLさんたちが申し込んでくれた。開校3日前ぐらいにはドドドっと駆け込みで来て、月謝5000円で、計100人。家賃、光熱費引いても40万は残る、やった！　これで目処が立ったぞ、と。

1クラス10名を、トークで笑わせてワーッと盛り上げて。でもね、ふと気付くと、夕方の6時

本番前の様子。その日の新聞記事の切り抜きをいくつか用意。これをもとに時事ネタを絡めたトークを繰り出す。

半、7時半、8時半のクラスには人が来るんだけど、朝がずっとヒマなんです（笑）。僕、イラチなんです（笑）。待てよ、これはヒマすぎる、これはあかん、となった時、「あ、俺、英語ができる、ドラムやってたからリズム感もある。音楽も知ってる……DJや！」と閃いたんです。

突拍子もないですか？（笑）ちょうどMTVの時代が始まろうとしていて、マイケル富岡とかセーラがやってる格好いいやつ、ああいうのをやりたい！って思ったんです。

その頃、小林克也さんが（山下）達郎さんの曲をかけながらDJをするカセットを売り出したんですよ。「COME ALONG（カムアロング）」というタイトルです。

克也さんのことだから、「You know what I mean, タツロウヤマシタ、C'mon!」とか言ってるわけですけど、それをパロったれと。同じ構成でやるんだけど、僕は大阪弁を間に入れていった。「ヘイ！レディース&ジェントルマン、元気でっか？ DJヒロTさんでっせ」みたいな感じ。まあそれがいまのスタイルのルーツですよね。

このテープを作って、いろんな人のところへ行って片っ端から渡していった。相手は一応は褒めてくれるんだけどね。「うーん、良いと思うよ、まあでも、君はどっちかっていうとテレビ向きかなあ」とかね。

あるAM局を訪れたとき、忙しそうな編成の人にテープを渡したら「聴いておくよ」と言われたので、「よろしくお願いします！」って言って名刺をいただいた。それからしょっちゅう電話で「どうでしたか？」って尋ねまくった。毎回「また聴くよ、はあい」って切られて、たぶんめちゃ鬱陶しかったんだと思うんです（笑）。何回目かに電話を掛けたとき「東京から来た人がいて、その人にテープ預けたけど、良かったかな」って言うんです。またかよ、ってガッカリしたのも束の間、いきなり東京から電話がかかってきて、「君、東京で預かってもいい？」っておっしゃる。そりゃもう、ぜんぶ預けちゃいますよと言って1週間後、「テレビじゃなくて申し訳ないんだけど」って連絡が来て、そうして始まった番組が「ワールドポップス86」【★5】です。

いや実際、NHKほどラディカルな局はないと思いますよ。民放はCMがあってスポンサーがい

★5　NHK-FM。もちろん全国放送

て、四方八方に目配りをせなあかんけど、NHKのディレクターや音楽芸能班の人たちっていうのは「この子面白い！」ってノリで平気で使ってくれる。しかも、曲もしゃべりもぜんぶお任せ。番組終わりに「ヒロちゃんオッケー！　よかったよ」と言ってくれるんです。しゃべりは大阪弁でいまと同じ。それで文句を言われることはまったくなかった。

じつは、その前、85年にラジオ関西【★6】とラジオ大阪【★7】で始まっていて、それがAMデビューだったんだけど、NHK-FMをスタートさせた反響はすさまじかった。番組が始まるやいなや、これまでノックしてもまったく動かなかった某局からも「最近NHKやってるよね？」って電話がかかってきた（笑）。「春改編もあるので、ちょっと話してみようか」なんて言われて出向いていって。そしたら、その方が言うわけですよ。「ボクもちょっとエラくなりすぎて、フィールドワークを怠っていた」と。「ウチに来てくれたときにも『君しかいない』と考えていたんだけど、でもはっきり言って、君は〝帯に短しタスキに長し〟だったから」（笑）。僕、黙って聞いていて、「いやあ！　その通りです！」って答えましたよ。だって仕事欲しかったし（笑）。それで一度やってみようということで、平日昼間のワイド番組を担当しました。

テレビにも出演、怒濤の5年間

NHKが始まってしばらくして、テレビ東京で初めてのテレビ番組が決まりました。それが「ア

★6 「Seiden Sound Jockey」
★7 「ミヤコヒッツ＆ポップス」

メリカンチューブ」という金曜夜の電リク生番組。マリアンといっしょにやって、全国放送でしたけど、右も左も分からないまま2クールで終わっちゃった。でもすぐにTVKの「ファンキートマト」っていう看板番組をシャーリー富岡【★8】と一緒に担当して、番組が終了する89年まで2年ほどやらせてもらいました。

そのあと、シャーリーが見つけてくれたのがスペースシャワーTV。スペースシャワーの開局時にも「ニュース&カウントダウン」という3時間の番組もやらせてもらってた。18時〜21時の生放送。スペースシャワーの黎明期なので「誰も見てないと思いますけど」なんて言いながらオンエアが終わったら、もう大阪に帰る新幹線がない。だから寝台列車の「銀河」で帰ってました。夜11時台の車両に毎週乗って、大阪駅着が朝7時半くらい。そこからすぐに英会話学校の仕事。NHKやって、FM大阪もあって、ちょこちょことテレビもやって。ムチャクチャですよね。

その中で、さっきも出てきたワイド番組ですけど、サブタイトルが「サウンドながら族のためのワンダフルミュージックステーション」だったんです。じつはその〝サウンドながら族〟という部分が僕にとっての大きなネックだったんです。お仕事をされている方の邪魔にならないゆったりとした番組を目指していたものだから、イントロに乗っかって曲紹介なんてもってのほか。

ところが、金曜の同じ番組では、DJのマーキー【★9】が「シェケラブギー!」とかなんとか叫びながらイントロに乗っかってるんです!(笑) 番組統括のエラい人に「僕も…」ってほのめかしてみたら、「マーキーは金曜で華金でしょ? みんなの気持ちが華やいでる。でもあなたの平日は『サ

★8 FM802開局時から「Saturday Amusic Islands Morning Edition」を担当。マイケル富岡の実姉
★9 1991年からFM802でレギュラーを持ち、現在はFM COCOLOで「MARK'E MUSIC MODE」などを担当

ウンドながら族』のための番組。どうしてもっていうなら、あなたじゃなくてもいいのよ」と言われて。「はい、おっしゃるとおりです！　イントロに乗っかる必要なんてないですよね」って、秘めた不満を募らせながらも、まぁ一生懸命やってたわけです。

M4

Funky802 START!

802の出会いと独自スタイルの確立

FM802は、自局のチューニング位置を逆手に取った「左にひねらんかい！」【★10】をキャッチフレーズに、在阪2局目のFMステーションとして1989年6月1日に開局。東京のFMラジオとは一線を画し、土臭く人情味のある＝ファンキーな選曲をベースに、斬新な専属DJの起用や〝ヘビーローテーション〟システムの導入などで、「音楽砂漠」と揶揄されることもあった大阪の音楽シーンに風穴を空けた。そんなFM802を先頭切って引っ張り、802の象徴とまでになったヒロ寺平だが、最初の出会いはどのようなものだったのか。

そんな折も折、FM802開局準備委員会の栗花落（つゆり）さん【★11】が僕のラジオを聴いてくれていたらしくて、編成部の人が英会話学校に電話を掛けてきた。

802？　はぁ?って思ったけど、後日、日航ホテルのロビーで会うことを約束。当日、ロビーに

★10　FM大阪の周波数が85.1MHz。左にひねって80.2に合わそうという意味
★11　栗花落 光。現FM802社長。

向かうと、その時の編成部長と当時は編成部員の栗花落さん、あと広報の子ふたりくらいと4人で待っててくれました。

そしたら「来年の6月に開局する802と言います。ヒロさんに番組をお願いしたいと思ってます」と来たわけ。なんやかんや話してるうちに、「たとえば……」って言うて、何も書いてない余白ばかりのタイムテーブルを目の前にポンと置きはって、「ヒロさんの好きなところにマークを入れて下さい」と。白紙小切手みたいなもんです（笑）。「あなたの番組にします。だから専属でお願いします」とおっしゃる。

こっちはノケゾってね。いやいや言うてる意味わからん、と思いながら、「お気持ちはありがたいんですけど……僕はいまの〝DJ〟っていうスタイルにすごくフラストレーションを感じてます。選曲もミキシングも構成もぜんぶ僕、という番組ができたら嬉しいんですけどね」って言ってみた。そしたらこんどは向こうがバーンとノケゾってね（笑）。

しばらく考えてまたバーンと姿勢を戻して「〝それ〟だったら、うち専属でやってくれるんですね」と言いはったんです。

マジか、と思いましたよ。

引き受けたら、今までのちょっとした安定も棒に振ってしまう可能性があるわけですからね。「ちょ、ちょっと考えさせて下さい」と言って、家に帰って嫁はんに相談です。そしたら「おもしろそうだと思うならやってみたら？」って言うんで、引き受けることにしたんです。

憧れのアメリカンDJスタイル

アメリカに行って、クルマでFMを聴いたことありますか？　ちょっと触れたらいっぱい放送局が出てくるでしょ？　それぞれが独立してて、まさに群雄割拠。人手が足りないから必然的にワンマンスタイルになっていくんだけど、そこがかっこええじゃないですか。

僕がいちばん思うのは、これぞヒューマンメディアの真骨頂、っていうか、体温が伝わる部分。耳だけのメディアだからこそ「ウソ」もすぐさま見透かされてしまう。僕がきっかけをつかんでDJとしてやってきたのは、いわゆる旧態依然とした、というか今でもそうなんだけど、日本のラジオ制作のシステムであって、そこではディレクターさんが描いた画のとおりに〝演じ〟なくてはならない。そういうスタイルに限界を感じていたんです。

だって、いろいろしゃべりたいやん。小林克也みたいにイントロにも乗ってみたいし。イラチなんでね、あれもこれもやりたい人やから、ブースに入ってマイクの前に座って、言われたとおりにやってもおもんない！ってずっと思ってたんです。

ディレクターが「はい」って言ってミキサーが再生ボタン押して、「はい」ってこっちに返す。この「間」で微妙にタイミングがズレるんですよね。「はい」って言われてからじゃなくて、「はい」と同時に押して、同時にしゃべらなあかん。それは本当に微妙なことかもしれないけど、僕はこだわり

スタジオの全景。通常は「サブ」と呼ばれるスペースにマイクを立て、ミキサーの前でヒロTが喋る（奥に見えるのが通常DJが入るブース）。ミキサー卓の逆側（ヒロTの背中側）にはパソコンが数台あり、リスナーからのリクエストなどをチェック。本番中、駒付きの椅子であちこちに移動する様はまさに職人！　まったくムダのない動きで驚嘆しかない。

4台あるCDプレーヤーはフル稼働。曲と曲を自然につなげたり、イントロにかぶせて曲紹介をするため、曲調も逐一チェック。スタッフが「イントロ何秒、トータル何秒」という情報をメモとしてヒロTに伝え、それをもとにミキシング、ディレクション、トークを抜群のタイミングで行う。ワンオペだからこその匠のワザである。

2019年春まで新人DJのディレクションを担当していたこともあって、「弟子」ともいえるようなDJがたくさんいる。FM802のスタジオはすぐ隣にあるので、こうしてヒロTの本番中に挨拶に来るのだ（写真は田中乃絵）。

たかったんです。絶対にそういう番組をやりたかった。
　それで802から「さあヒロさん、枠を自由に決めて下さい」って言われて悩んでたら、「じゃあ朝の帯ですね」と。「いや、週に2回東京に行ってるんで無理です」って返したら、「じゃあタテ帯でどうですか」と。そういうことで、朝の7時から18時までの11時間が決まったんです【★12】。
　面白かったんだけど、最初はカオスでね。担当プロデューサーもいないまま4、5年やって、ようやく決まった担当Pが僕のところへ来て、「ヒロさん、番組を1時間伸ばそうって話があるんですけどどうですか?」と言うんで、12時間なら1日の半分や、オッケーオッケーって引き受けた。イメージとしてはケツ（番組終了時間）が伸びると思うやん！　それがよくよく聞いたら前が伸びるって話で（笑）。朝6時スタートとか言うんで、ちょいちょい待てと。俺は後ろが伸びる思ったから引き受けたんや、前は前で別に考えるけど、今あるケツの番組、あれおもんないからケツも伸ばせ、そしたら朝6時でもかまわん、って言ったら13時間になったわけです（笑）。それが43歳でした。

★12　「FRIDAY AMUSIC ISLANDS」。1989年から10年続く番組に

M5

移籍

FM COCOLOへ、そして引退表明

FM802は開局してすぐに関西の若年層に絶大な支持を得て、一大ムーブメントを起こした。ヒロTもまた、その看板DJとして確固たる地位を築いた。99年には朝の帯番組「HIRO T' S MORNING JAM」に移り、そしてFM802がFM COCOLO〔★13〕の運営を開始したことを受け、2013年にCOCOLOに移籍、「MORNING JAM」と時間帯は同じ現在の「HIRO T' S AMUSIC MORNING」を担当することになった。

802がCOCOLOをやることになって、若い子は802、40代以上はCOCOLOを聴いてねと年齢層を設定した。そのやり方は正解だと思います。昔からのリスナーも年を重ねてきているわけですし。

でも「COCOLOに行ってください」「はいそうですか」という気持ちにはすぐにはならんよね。802黎明期の時代からのプロパーもええとこの男なんで、そう簡単には。

でもずっと人生の座右の銘で、これからもそうだし、みんなにも言いたいことやけど、「どこです

★13　2010年から802が委託を受け番組制作、2013年に規制緩和もあり正式に1局２波体制に

るか」より「なにをするか」なんです。802が甲子園球場だったら、COCOLOは藤井寺球場。でもそれをどうのこうの言っても、俺は俺なわけで、「なにをするか」に打ち込んでいったら、そこに自ずと何か見えてくるものがあるだろうと思った。

802からCOCOLOに来たからじゃなくて、年齢とともにトークとかトーンとか変わってきてるのかなとは思いますね。あのころはすごい飛ばしていた。「OSAKAN HOT100」でリスナーと電話つないだとき、「もしもし」の声の出方が悪かったらそのままバーンと電話を切ってましたからね（笑）。尖ってたね。そういう意味では、自信のようなものがでてきたのは意外にCOCOLOに移ってから根付いてきたのかもしれない。

ヒロ寺平のDJ論

英会話学校【★14】でもそうでしたけど、僕の仕事は「いかにして体温を感じさせるか」ってことだと思ってるんです。FMラジオって〝型〟がきまってるけど、その〝型〟を越えて、体温というものをどれだけ素直に伝えられるかってところに腐心しています。

これからAMとFMの垣根、トークレディオかミュージッククレディオかみたいなものがどんどんなくなって、ラジオ自身もスポンサーも減って、すごくしんどい時代になるわけです。でも、ラジオがなくならないと僕が確信できる理由は、DJという音のソムリエが、アーティストの楽曲の持つ

★14　英会話学校パンプキンは1993年にミナミの商業施設ビッグステップに場所を移し発展。自ら「校長先生」として特別授業を行うなど人気だった。1999年に閉校

僕の仕事は〝いかにして「体温」を伝えられるか〟
それにずっと腐心してきました

魅力やことばの重み、あたたかさを伝えることで、音楽の魅力をさらに増幅できると信じているからです。それができる人さえいれば、ＹｏｕＴｕｂｅが来ようとＳｐｏｔｉｆｙが来ようとラジオは残っていけます。

逆に、そうじゃなければ自然に消えていくんですよ。音楽にしても、気持ちを注ぎ上げて作られた楽曲はいまでもちゃんとあるし、僕がかける音楽にはかけるだけの理由があるんです。流行り廃りは関係なくね。

ずいぶん前、カトミキ【★15】さんに「ヒロさんがかけてると同じ音楽でも楽しそうに聞こえてくる」って言われたんやけど、それがものすごく嬉しくてね。なんていうの、最近のことばで言えばバイブス？（笑）もしそういうのがあって、僕の番組では違う風に聞こえるなら、こんな嬉しいことはないです。

これからもね、僕自身が〝呼吸〟しやすい環境が続くのであれば、悠々自適にやっていきたい。生身の自分をマイクの前で出して伝えていければ、とは思うんだけど、番組の中ではね、生身の自分にフタをして、自分を押し殺さなきゃいけない部分も出てくるんです。それは必要悪ではあるんだけど、これは僕の自発的な〝呼吸〟活動にたいして、非常な負担を強いてるんですよ。

やっぱ人気商売だからね。人徳やら人望やら、30年、薄皮のように積み重ねてきた僕のクレジットに対して、「ヒロさんがああ言ってるんだから買ってみようか」で、買ってみてね、「あんまり大し

★15　加藤美樹。1994年からFM802に出演。現在はFM COCOLOで「SUPER J-HITS RADIO」を担当している

たものじゃなかったな」ってことになると、僕が積み上げてきた信用がひとすくい持って行かれるんだよね。エグい勢いで削がれていくのが目に見えるんです。その状況が是なのか非なのか……。必要悪がないとこのユニットが生きていけないのであったら、自分にフタをしてる時間があるというのは健康的なのか…絶対そうじゃないですよね。ご覧の通り、足腰もしっかりしてるし、やりたいこともたくさんあるわけですよ。それこそ悠々自適じゃなくて、悠々素敵な時間を過ごしたいな、と。

コペンハーゲンのダイオンミーティングでチヤホヤされるのもええし、嫁はんとヨーロッパの古い街並みを訪ねて歩くのというのもええし……。気力も体力もぜんぶ絞り倒した歯磨きのチューブみたいになったとき、それが楽しめるかっていうと何もできないかもしれない。だから、体がしっかり動くあいだにいろんな世界を見てみたいな。

これが僕の次の夢やなぁ。

地元で感じる「しあわせ」な瞬間

#6 中国地区

おだしずえ

RCCラジオ

おひるーな

ON AIR 月～木曜 12時～14時55分

地元広島から飛び立ち、1990年代から2000年のはじめにかけて大阪や東京のラジオ局でも名を馳せた、おだしずえ。地域性、ステーションカラー、AMとFMとの違いなど直面した困難は数知れず。そこから得た極上のラジオスキルを引っさげ、現在は故郷広島で活躍する彼女が、いまだから語れるラジオへの思いとは？

Cue sheet

TIME		内容	進行
		OP	広島県呉市に生まれる
1985	M1	広島時代	大学在学時、広島エフエムでラジオデビュー
1989	M2	大阪進出	MBSラジオでレギュラー開始
			FM802開局。「ROCK KIDS802」でレギュラー
1991	M3	東京進出	TOKYO FMでレギュラー開始
1993			TFM人気番組「エモーショナル・ビート」開始
1998			JFN系全国ネット番組に出演開始
2004	M4	活動休止	
2009			MBSラジオ「子守康範 朝からてんコモリ!」でラジオ復帰
2014	M5	広島Uターン	広島県に戻る／RCC「おひるーな」スタート
2019			5年目突入。放送回数も1200回を超える

M1

ラジオデビュー

レコード室目当てでラジオ局へ

おだしずえのラジオDJ／パーソナリティとしての経歴は、開局してからまだ4年ほどしか経っていない地元のFM局でスタートした。

大学生のころ、「ラジオを聴くアルバイト」をやっていたんです。レコード会社が〝どんな曲がラジオでかかったのか〟を調べる仕事です。当時、わりと真剣にバンドをやってまして、スタジオ代や機材にお金がかかるので、歯医者さんなどいろんなバイトを掛け持ちしてたんですけど、そのひとつでした。

そのアルバイトで朝の番組を担当していたとき、広島エフエムで「DJ募集！」と告知されてるのを聴きました。木元さん【★1】が「応募してくれる人がいないんだよー」とか「音楽好きなら誰でもいいんだよ」とか言っているわけです。はじめは他人事だったんですけど、「ほんと誰も応募してこないんだよ～」とお話しされてるのを聴いてるうちに「これは本当に困ってるのでは？」って考えはじめて（笑）。あと、放送局ならたくさんレコードがあるだろうとも思ったんです。とにかく曲やアレンジをたくさん聴きたかったけど、レコードを買うのにもお金がかかるし、少しでも節約した

★1 木元英治。広島FM開局時にラジオ関西から移籍

かったんですね。ＦＭ局のレコード室を見てみたいという動機もあって、応募してみたんです。実際は１００通を超える応募があったみたいですけど（笑）。

書類審査を運良くパスして、トーク審査になりました。５人ずつひと組になって、ひとりしゃべりで「イントロ紹介と1分間の自己PRをしてください」と待合室で言われたんですけど、みんな「イントロ紹介って何かね？　わかんない」ってヒソヒソ。だから私が代表して「イントロ紹介って何ですか？」って訊いたら「そんなこともわからないで来たの？」と言われて。やっぱりシロウトは来ちゃいけなかったのかなってショックでした。

その後、無事審査は進み、「ＡＢＣａｔｓのＷＥ ＬＯＶＥ ＰＯＰＳ」【★２】という番組を持たせてもらうことになりました。洋楽専門で60分の生放送です。月～金曜、日替わりで担当。みんなに猫の名前が付いてるんですよ。初回の放送では「あまり深く考えないようにしよう」って考えてたら、自己紹介の途中で番組が終わっていました（笑）。「キラキラにゃんこ」って言えなかった（笑）。

２年ほど続けさせてもらって、付いたあだ名が〝三段跳びのしー〟。話がポンポン跳ぶからついていけないということで（笑）。あと「蚊の鳴くような声」とも言われましたね。そのわりに物事をはっきり言うから、よく注意されました。「この曲、あんまり好きじゃないわ」とか言っちゃう（笑）。「きらい！」と言うわけじゃないんですよ。大好きな曲がかかって「この曲のここが好き！」って言ったあとで、「次の曲はそんなに好きじゃないけど」みたいなことを言っちゃう（笑）。若気の至りですね、物事を知らない。その曲を大好きな人だっているのに、ですよ。ディレクターには

★２　おだしずえが担当したのは1986年春～1988年3月

「顔が見えないんだからキツく聞こえるよ」と何度も注意されました。

この番組では、「ＡＢＣａｔｓ」の名前のとおり、ラジオのＡＢＣを教えてもらいました。まだ余裕があった時代なのか『みんなで育てていこう』という空気があったんです。「レコード室にあるレコードは好きに聴いていいよ」とも言ってくださいました。ありがたいですよ！　だから私、番組のない日でも、レコード室に通い詰めていたので、やがて局の方に「あいつは勉強熱心だ。努力をしている」と思われたみたいで（笑）、後にいろんな番組を持たせていただけました【★3】。ただ、おしゃべりの仕事が忙しくなったせいでバンド活動はクビになっちゃいましたけどね。それは悲しい思い出です。

「この曲を聴いてほしい！」が原点

もともと音楽が好きでこの世界に入ったので、たとえＡＭ局でも、ラジオではやっぱり音楽が大切な存在。４年半前、ＲＣＣに来たときも、ディレクターには「選曲の理由」を尋ねるようにしてみたんです。こちらが気づいてない意図があるかもしれないので。もちろん「なんとなく」の選曲も大事なんですけど。かかる曲が少ないので、一曲一曲が大きい。

あと、ワンコーラスだけ流すと「短いな」って感じることはないですか？　「ここからがいいところなのに！」ってこともありますよね。ギターソロがかっこいいかもしれない、とか。一度、12時台

★3「しーとたみおのレッツ・ゲット・トゥゲザー」（1988年4月～1989年3月）など

のおわりにかけた曲が最後までかからなかったことがあったんです。でもその曲は展開がある曲だったんで、「最後まで聴かないと気持ちよくない」ということで、時報をまたいで13時台の最初にもう一度、2コーラス目から流したことがありました。こんなことFMではやらないと思うんですけど、でも曲にはストーリーがあるから、リスナーさんと共有したい！と思ったんです。

お恥ずかしい話ですが、高校時代に〝マイテープ〟を作っておりまして…。自分ではすっかり忘れていたんですけど、高校の頃の友人が「しーちゃん！この前、しーちゃんの声が入ったテープを見つけたんよ！」って教えてくれました。

ステレオでレコードをかけて、自分でお便りを書いて、自分でリクエスト紹介して…っていうカセットでした（笑）。でもそんなの覚えていなくって、私としてはＤＪに憧れてやっていたというよりも、ただただ友だちに自分の好きな曲を聴いてもらいたかっただけなんですよね。「お聴きくださ い。クイーンで『地獄へ道づれ』！」（笑）。

「この曲を聴いてほしい！」という想いはいまも同じなんです。だからディスクジョッキーになって一番びっくりしたのは「好きじゃない曲でもかけなきゃいけない」ということでした（笑）。だって、マイテープは大好きな曲ばかり入れてましたから。そういうこともあってつい「この曲好きじゃない」って言葉が最初の頃は、出ちゃってたんでしょうね（笑）。私、好き嫌いがはっきりしているみたいです。

あと、ラジオを聴いていて「あれ？ほんとにそう思ってるのかな？」って感じること、ありませんか？　ラジオって思ってもいないことをしゃべってるっていうのは伝わりますよね。DJを始める前からそういうのには敏感で、この仕事を始めたときは「ウソはつきたくないなあ」と思ったんです。〝電波でエネルギーを届ける〟ことだけを考えて臨みました。その気持ちもずっと変わってません。「元気を与える」なんて言ったらおこがましいですけど、場をリスナーの方たちと「共有する」みたいなことですね。エネルギー交換。ライブ＝生きてる。電波って気みたいなものが〝乗っかる〟。スタジオの空気もそのまま乗っかるんです。だからこそ生放送が楽しいんですよね。

M2

大阪進出

老舗AM局と開局したてのFM局

1985年から3年ほど地元広島で活動した後、大阪のラジオ局で喋るチャンスが巡ってくる。「ヤングタウン」全盛期のMBSラジオと、開局を控えたFM802という、まったく性質の異なる2局だった。

そんなに生が好きなのに、広島で喋らせてもらうようになって3年ほど経った頃、生放送がなくなっちゃったんです。録音番組だけになっていて…24歳でした。

おだが着ているのは自ら製作した「呉市Tシャツ」。現在も呉から電車でRCCに通う。

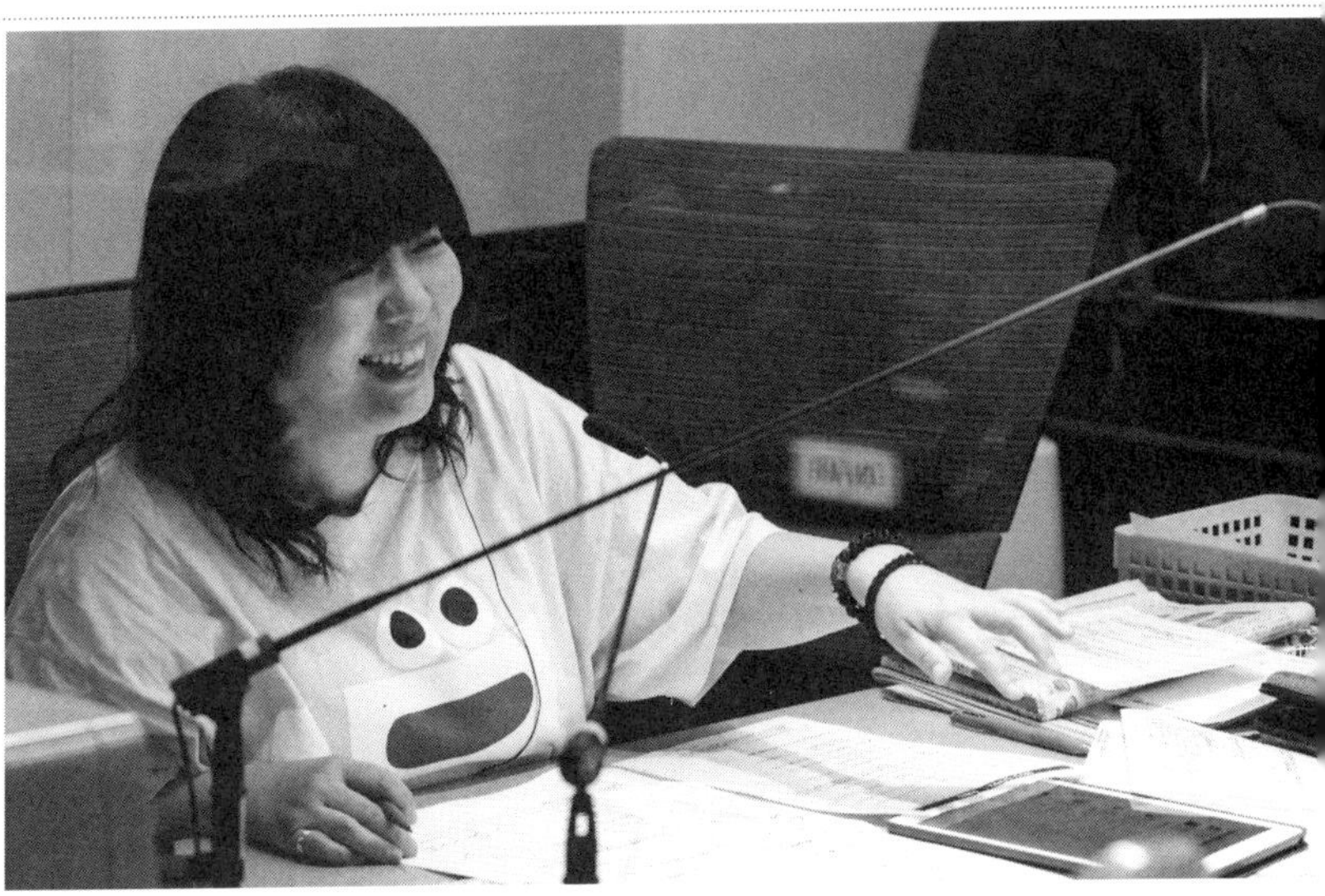

同じころ、たまたま友人のアーティストの大阪でのデビューライブを「デビューする時は花束持って観に行くから」と約束していたので、なけなしのお金をはたいて広島から観に行ったんですが、帰りの新幹線に乗り遅れてしまったんです。その友人に「帰れなくなっちゃった」って言ったら、「じゃあ打ち上げに来たら?」ってことで行ったんです。たまたまその頃、弟が神戸の大学に行っていたので、下宿に泊まればいいやってことで。

その打ち上げに偶然、MBSラジオの夜の音楽番組を担当する作家さんがいらっしゃったんです。後にFM802の立ち上げに関わる人もいらっしゃいました。

その席で「何してる人?」って話になり、「広島でディスクジョッキーしてます!」と言ったら「大阪にもしゃべりに来たらいいよ」と。「呼んでくれるならどこでも行きます!」って答えたんですよね。お酒の席の話だろうと思ってたんですが、後日、その作家さんから本当に電話がかかって来たんです。それで改めて担当ディレクターさんとお会いすることになりました。

ちょうどそのとき大阪に（LAメタルバンドの）RATTのライブに行く予定があったので、「じゃあライブの前に会いましょう」と約束しました。でも結局、その公演は中止になっちゃったんです（笑）。「ライブはなくなったけど約束したしなあ…」って大阪に向かいました。普通に新大阪の駅構内で小一時間くらい話をして、「これからライブですよね」って訊かれたので、「じつは中止になって…広島に帰ります」って。それがすごく驚いてくれたようで、後日「今度、改めてMBSに遊びに来てください」と連絡をいただきました。「楽しそう！」と思って行ったら、スタジオに入れられて。それが「ヤンタンミュージックゾーン THE REQUEST」【★4】のオーディションだったそうです（笑）。増田（一樹）さんとトークするのを録音して、曲紹介なんかもした覚えがあります。

じつはその録音、あまり面白くなかったようです。ただ、スタジオから出てきたとき、私が持ってきてたサンドイッチがなくなってて、それをすごく偉いプロデューサーさんが食べちゃったらしいんです。その方に「私のサンドイッチ食べましたね！」と言ったのが面白かったから決まったんだよって後で聞きました。その後、ちゃっかりカレーライスをご馳走になりました。おいしかった〜！

FM802はその半年後ぐらいの時期でした。こちらも「遊びに来てください」からのびっくりオーディションでした。開局前でしたけど。広島では見たこともないような大きなスタジオで、吹

★4　1989年〜1990年。その後、「カズ&シーのヤンタンミュージックゾーン」「ザ・Mゾーン」と続く

き抜けになってる上の方から指示が飛ぶんです。同じ曲が繰り返し流されるので、同じことを言っちゃいけないのかな?と思ったので、パターンを全部変えて紹介して。その後、「夕方のリクエスト番組【★5】をやりませんか?」ってお話をいただきました。

じつははじめはお断りしたんです。「広島のイナカっ子なんで、そういう忙しい番組にはついていけないと思います」って。ほんとに自信がなかったんですよね。それでも「大丈夫。小田さんのペースでやってもらえたら」と言われたので、「がんばります!」って引き受けることになりました。もちろん先にお仕事していたMBSにも確認を取ったら「のんびり屋の小田のいいところは出ないかもしれないけど、やってみたら?」って快く了承してくれました。

もともと私にはFM、AMの感覚が薄いんです。同じラジオだから。いまも、そんな垣根なんてない番組を目指してるくらいですから。

サンタクロースに救われた

MBSラジオに先に出ていたものだから、FM802の番組を担当した当初は「AMみたい」ってよく言われました。FMの声じゃないってことですね。だから練習したんです。制作会社の社長さんが、つきっきりで特訓してくれました。低く、なるべく抑揚を付けずに、笑いは少なく、しかも早口っていうスタイル。

★5「ROCK KIDS 802」(1989年開局〜1997年3月まで担当)

要するに〝都会っぽさ〟を出してほしいということなんですよね。私はずっと楽しくて気持ちいい番組を届けたいという思いでやっていたけれども、カッコいい番組を志したことがいままでなかったもんだから悩みました。「カッコいいってなんだろう」って考えだしたらわからなくなっちゃって。半年後ぐらいかな、悩みまくった末に「もう無理かも。辞めよう…」って。あれこれ言われ過ぎて、完全に自信を失ったんです。

番組の最中、本当に「ああもう無理だ！」って絶望しかけた瞬間ですよ。ジャクソン5の『I Saw Mommy Kissing Santa Claus』を紹介したんですけど、それがなんていうかサンタクロースにピタッとハマった感覚があったんです。「気持ちいい！」と感じました。もともと大好きな曲ではあったんです。でもやっぱり、声と曲ってマッチングがあるというか、その紹介がすごく曲と合っていたらしくて、編成の人にも「さっきの紹介よかったよー、楽しそうで」って言ってもらえて。嬉しいですよね。ジャクソン5に、サンタクロースに救われたなっていう思い出。

さらにその後、ディレクターが代わって、「好きにしゃべっていいよ」って言ってもらえたんですよね。声やしゃべりに自信を失いかけていたことに気づいてくださったんです。そこから変わりました。それまでは、カッコよくしゃべるために一切椅子に腰をかけないで立ってトークしてみたり、迷走してました。でも「カッコよくないＤＪが８０２にひとりぐらいいてもいいじゃん」って思えるようになって、番組がすっごく楽しくなったんです。〝ディスクジョッキーとしての小田静枝〟が開花したっていうんでしょうか（笑）。なので、いまでも「ＲＯＣＫ ＫＩＤＳ ８０２」は大切な番組です。

ＦＭ８０２さんにはとても感謝しています。ステーション一丸となってＤＪの地位を上げようと頑張っていらっしゃいました。その想いに応えて、自分も高まらなきゃって思っていたので、自然とプロ意識が芽生えたんだと思います。

M3

東京進出

TOKYO FMで〝東京らしい声〟を

キュートなトークとルックスで人気だった彼女を、東京の局は放っておくはずもなかった。TOKYO FMやJFNで番組を担当することとなり、「小田靜枝」（※当時漢字表記）の名前は全国に広まることとなる。

８０２で「好きにしていいよ」って言ってくださったのが東京の制作会社の方で、あるとき「ＴＯＫＹＯ ＦＭ用のデモテープを作りたいから手伝って」と頼まれました。「期待しないでね」と言われていたので、軽いノリでお引き受けしました。そしたら、なんとそれがそのまま「KATAKURICO HOT LINE～GOLD RUSH」【★6】という番組になって、東京での仕事が始まりました。

さらに96年からは生放送の「アフタヌーン・ブリーズ」【★7】も担当するようになって、広島から大阪と東京に通ってました。生放送ってやっぱり素晴らしいですよね。最高に楽しくて、忙しいな

★6 1991年秋から担当。渋谷のサテライトスタジオから放送
★7 1996年10月～2001年3月まで担当

んて少しも感じませんでした。

そのころのＴＯＫＹＯ ＦＭって、坂上みきさんの朝の番組【★８】があって、夕方が赤坂泰彦さんの「ダンスシップトーキョー」で、その間に挟まれた昼の私…ああ幸せ～って思ってました（笑）。で、おふたりに挟まれた私も「東京らしい昼の声を出したーい！」って考えました。担当ディレクターの指導もあって、そのころからちょっとエロい話を入れていくようになりました。お昼って眠いですからね。〝ピクッ〟と反応するような、ちょっと遠回しなエロスを散りばめるようにしてみたんです。東京らしい都会的なエロトーク（笑）。でも女の下ネタってとてもむずかしいんですよ。「女性の口からは聞きたくない」って方も多いですから。

でも当時の私、プライベートがカラッカラだった（笑）。プライベートが乾いてると、サラッとしたドライなエロトークが自然とできるんだなって気づきました（笑）。

東京を意識するようになった事件

結果としてデモテープで東京行きが決まりましたけど、ラジオを始めたころには東京に行くつもりもなかったですし、意識すらしていなかったんですよ。あの『事件』があるまでは。

当時、広島のテレビで音楽番組を持ってたんですけど、アーティストさんと一緒になることも多かったんです。そうすると「あんなことしましょう」「こんなことしたいですね」とかって盛り上がる

★８ 「ＦＭソフィア」

東京、大阪を行き来しながらも心のどこかに常に故郷があったのだろう、当時の放送ではよく広島の話題が挙がっていた。

んですよ、番組内で。でも、広島や大阪で盛り上がったとしても、それが実現することなんて皆無。東京の事務所さんからストップがかかります。あるときそういう場面で、アーティストのスタッフの方の「いちローカルタレントが生意気言ってる」って言葉を聞いちゃったんです。まあ、「出しゃばるんじゃないよ」みたいなニュアンスですよね。

その瞬間、「あ、私はローカルタレントなんだ、いちローカルタレントは分をわきまえて仕事をしなくちゃいけないんだ」って思い知らされました。事件なんて大げさかもしれないですけど、私の中ではすごい衝撃。

そういう状況で「東京でしゃべらない？」と言ってもらえて、「東京で仕事したら認めてもらえるのかな」って考えたんです。その『事件』がなければ、東京には行ってなかったかもしれません。
数年後、その発言をした方に再度お会いしました。もちろんその方はそんなことを言ったことも忘れていて「しーちゃん、東京に来ると思ってたのよ」って言ってました（笑）。
そのとき、ああ、ひと仕事終えたなって感じましたね。広島や大阪で私を選んで仕事をくれていた人たちへの感謝とともに、少し肩の荷が下りたかなって。〝いちローカルタレント〟でも東京で仕事ができるよ、って証明できたかなって思いました。

M4

活動休止

ラジオから遠ざかった空白の5年

「ヒルサイドアヴェニュー」【★9】など全国ネットの番組を担当するなどその後も着々と知名度を増していった彼女だったが、2004年に突如、ラジオ界から姿を消す。

あー、その期間ですか？　んー私、死にかけてたんです。どうにも子どもが欲しくて、ようやく妊娠したのに、いわゆる『母子ともに危険』という状態。「なんで妊娠したんですか！」ってドクターに怒られて。「絶対に産みます」って無理しちゃって。それが2004年のことで、ある時、

★9　2000年8月から2年担当

TOKYO FMの番組【★10】でレミオロメンがゲストのとき、緊急入院して3人だけでしゃべってもらうことになって大反省。これはさらに迷惑かけちゃうなってことで、全部番組を降りたんです。

お医者さんも「安定期まで保たないだろう」って諦めていたらしくて、「母親教室とかは受けなくていいです」って言われてました。「バラ色の妊娠生活はないと思ってください」って。その後、出産するんですけど、帝王切開で、母子ともに2日間ヤマ場。子どもは生まれたとき泣かなかったですし。

その子がいま中学生で、まさに中二病真っただ中です（笑）。あんなに苦労して産んだのに！（笑）『奇跡の子』って呼んでものすごく大事にしたのに（笑）。

でもね、いいんです。生きててくれたら。イジメがあったり、学校に行けなかったりするけど、元気で楽しく、生きてるだけでも幸せ。


旦那さんのことですか？　別に隠してるわけじゃないんですよ。でも話しても面白くならないんですよ。聴きたいです？　私の夫の話なんて。ノロケに聞こえちゃうんですよ。どんなに悪口を言ったとしてもね。私が上沼（恵美子）さんぐらいに技があればラジオでもしゃべれると思ってるんですけど（笑）。姑の話も、子供の話もイヤミに聞こえることはないと思うんですけど、旦那の話をするには、私はまだ早い（笑）。

東京で出産したあと、夫の実家である愛知で子育てをしていました。義父が亡くなり、がんを患

★10「レディオDI:GA」

広島に戻ったとき、RCCがお昼の改編を検討していたタイミングでたまたま挨拶に行ったことが「おひるーな」抜擢につながったとか。

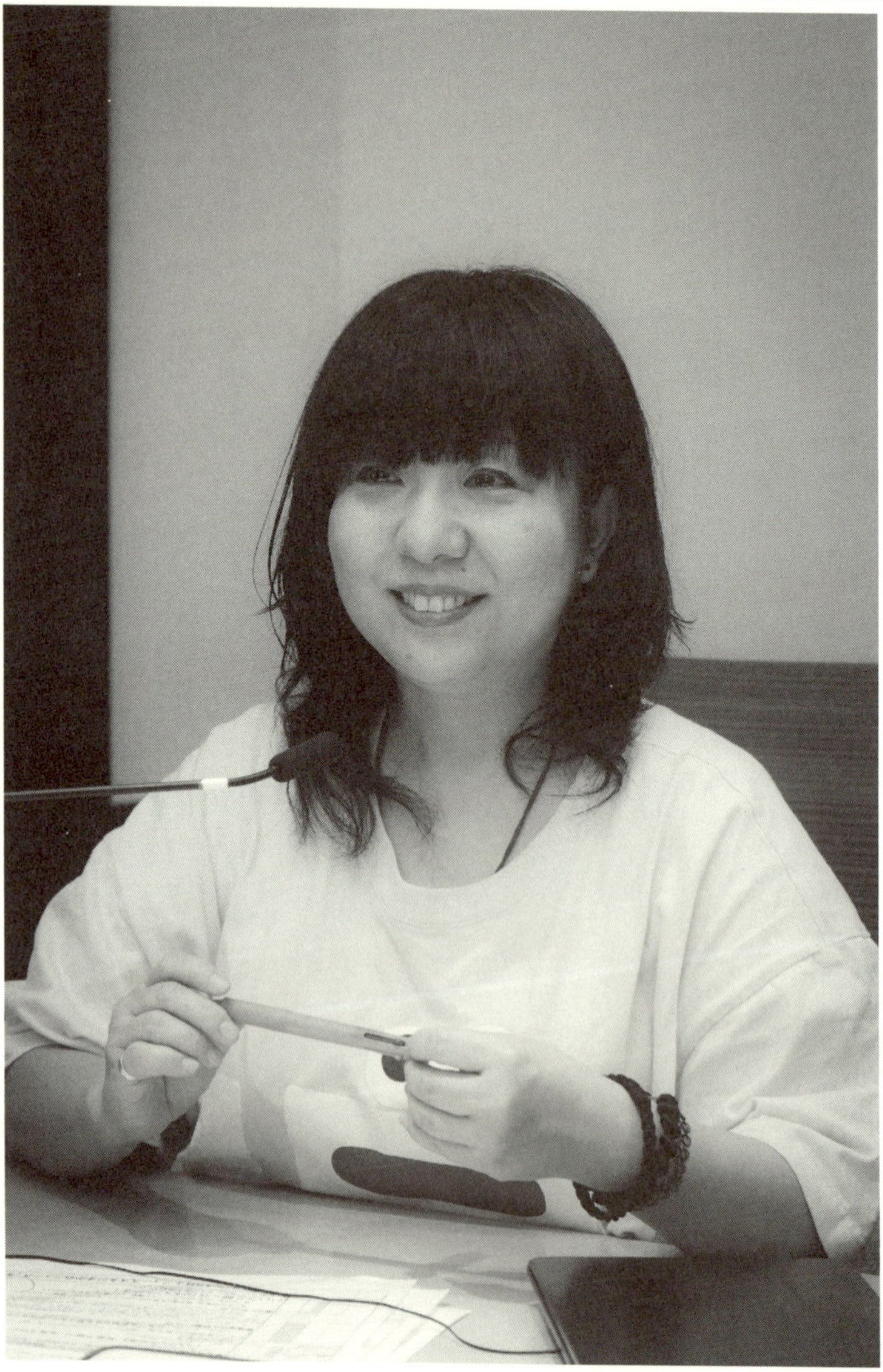

ったお義母さんが義妹と暮らしていたんです。だから、近くで暮らそうってことになって。でも、こんどは呉で暮らしている私の母ががんになったんです。認知症も患っていて。弟は東京で働いているから、会社を辞めさせるわけにもいかず、フリーの私が広島に帰ることにしました。「おひるーな」を持たせてもらったのはそれがあったからなんです。でも、そのことはしばらく番組内で話せなかった。RCCラジオでは『逆風』を感じていたので。

M5

広島再び

地元・広島に帰ってきて

2009年に古巣・MBSラジオでラジオ復帰を果たした後、地元・呉に戻ることに。昼ワイド番組「おひるーな」で25年ぶりとなる地元ラジオだったが、そこには予想を超える困難が横たわっていた。

ふるさとに帰ってきて、あんなに叩かれるとは思っていませんでした（笑）。TOKYO FMで全国ネットでやっていたときにもめちゃくちゃ叩かれましたけど【★11】、そのとき以上かな。

広島のリスナーさん、特にRCCのリスナーさんはすっごくラジオが好きなんですよ。当然いままでの番組も大好きだったわけで、その番組がなくなって寂しがっているところに、私が「おっひる

★11 『小田静枝と山中崇志のミリオンナイツ』（1998年10月～1999年3月）など

ー！」【★12】ってノーテンキにスタートしたもんだから（汗）、「は？」っていう拒否反応ですよね。

あいさつは大事、「おひる」だし「おひるーな」だし、と、私なりにはすっごい考えて「おっひるー！」にしたんですけど、ほぼみなさん「なに言い出すんだ？」って。言わない方がいいという声もたくさんあって、結局半年ぐらい封印していたことがあるんです。でもね、その間、リスナーさんは増えも減りもしなかった。驚いたことに、なくなったことを寂しがってくれるリスナーさんも多かったんです。だったらと、復活させるよう提案してみたんです。「トーンは落としますから」って（笑）。

もともと「東京や大阪の、あの元気なおださんでお願いします」って言われてたからあのテンションだったんですけど、「元気すぎたみたい、ちょっと抑えて」と（笑）。〝広島のお昼〟のイメージと全然違ってたんですよね。ツイッターでも罵詈雑言の嵐。ずっと聴いてくださっているリスナーさんからも「あまりに荒れてて入り込めませんでした」って心配されました。

東京とか大阪だと、新しいものをスッと受け入れるところがありますが、広島ではそこにプラスして〝安心感〟が要るみたいですね。「知ってる」とか「親しみがある」とか。だから、全国で活躍されているタレントさんだと安心するし、広島ローカルでも見聞きしたことのある人も受け容れ易い。でも、新しいものに対しては保守的なのかなあ。昔から「新商品は広島でテストしろ」っていうくらいですから。ずっと慣れ親しんできた時間帯の番組に出てきたのが「なんだ、おばちゃんじゃん」って。「だれ？　こいつ」みたいな（笑）。

★12　番組スタート第一声の言葉。今も続けている

なので、最初は「何が受け容れてもらえない理由なんだろう」と探しました。毎日毎日同録を聞き返して、〝安心感〟を生み出す工夫を自分なりにしました。テクニック的なことを言えば、街のリズムに合わせてゆっくりしゃべろうとか、感情は出してもいいけど元気さを少し抑えようとか。つまり802でやってた〝ディスクジョッキー〟小田靜枝の反対を探ったんです。〝パーソナリティ〟としてのおだしずえ。だからFM時代を聴いていた人にはその違いにビックリされますよ。

デビューしたときには「蚊の鳴くような声」と言われ、大阪では「AMっぽい」と言われ、三度目ですよ。厳しい注文をされるのは（笑）。

もともとこの声、コンプレックスなんです。大学生のとき、大好きな人から「その声どうにかならないの？」って言われて（笑）。キツくないですか？　しゃべるのが怖くなって、まったく笑えない暗い時期があったんです。

だからね、原点に立ち返ることにしたんです。ラジオを始めたときに考えていたように、電波にエネルギーを乗っけて気持ちのいい番組を届けることに集中しようと決めました。面白さとかそういうのはみなさんの力をお借りして努力いたします、ってことで（笑）。

改めて感じたパーソナリティの使命

1年目にチャリティー・ミュージックソン【★13】の募金カウンターに立ったときには、「呉の子ど

★13　ニッポン放送他NRN系列局が行う年末のチャリティ番組

こ?」って反応だったんですよね。私はお昼にしゃべってる呉のおばちゃんとして、「呉の子」という扱い。でも次の年には「しーちゃんよね?」って呼んでいただけて。少しずつ名前を覚えてくれはじめて、だんだんと会いに来てくれる人数も増えているので、地道ですけどね、本当にありがたいことです。

きっと局にもたくさん苦情が来たと思うんですよ。メールとか電話とか。テレビでナレーションの仕事をやったときにも「声が高い、うるさい」って苦情が来てたらしい。でもディレクターが「天使の声ですから」って守って下さって。だから「おひるーな」でもRCCが「これから面白くなるはずだから」って守ってくださってる。ありがたい!

いまはまだ途中ですね。まだ面白くなりきってはいないと思います。爆発力を期待して下さってるところがほんとうにありがたいなって思います。

ラジオの仕事を始めたころ、あまりにも楽しくって「スタジオの中で死にたい」って思っていたんです。それが迷惑なことなんて少しもわかってなかった(笑)。いまは「迷惑をかけないでいたい」って思います。なるべく元気でいられるようにね。体調が悪くても、少なくともRCCまでは来られるようにしておきたい、生放送の時間、スタジオには必ずいたい、っていうのがモチベーションになってます。

じつは…椎骨動脈解離の疑いがあった時があって…。脳梗塞やくも膜下出血の恐れがあると。その時からです。今日が最後の放送になるかもしれないから大切にしたいと、以前よりも強く思うようになりました。今は、もう大丈夫ですよ。

（2018年の）豪雨災害のとき、呉市は陸の孤島になったので、バスも電車も動けなくなった。だから「おだは来れないだろう」って思われてたんですよね。でも、そこを船で来ちゃったから驚かれました（笑）。この雨の降り方はヤバいと思ったので、早めに船会社に電話して、フェリーは予約を受け付けてなかったので、個人的にスーパージェットっていう船を予約しました。「絶対行かなきゃ！」って。

自己満足かもしれません。それでも、リスナーさんもいつもの声の人がいないと心配になるかもしれないって。電話で出演してもずっと聴いてもらえるわけじゃないし。いつもと違う雰囲気を少しでも出したくなかったんです。「元気だな」と思ってもらえれば私の役割の9割は果たせると思ったんです。情報も大事だと思うけれど、いつもしゃべってる人の声がいつもの時間にラジオから聞こえてくる。私が呉から通うことで少しでもホッとする人がいてくれたらいいと思ったんです。

阪神淡路大震災を大阪で体験したときの教訓なんです。あのとき無力さを思い知らされたので、去年も「ここで今、自分ができることはなんだろう？」と葛藤の日々ではありましたが、〝ここ（故郷）に帰ってきていてよかったんだ〟〝きっとできることがあるんだ〟と思えた時間でもありました。

いまも毎日朝6時に起きて、朝ごはんの支度をして、洗濯して、お弁当作ったりして、番組のあ

「明日まで元気でね」「また月曜ね」って言える
…いまはそれがとってもしあわせなんです

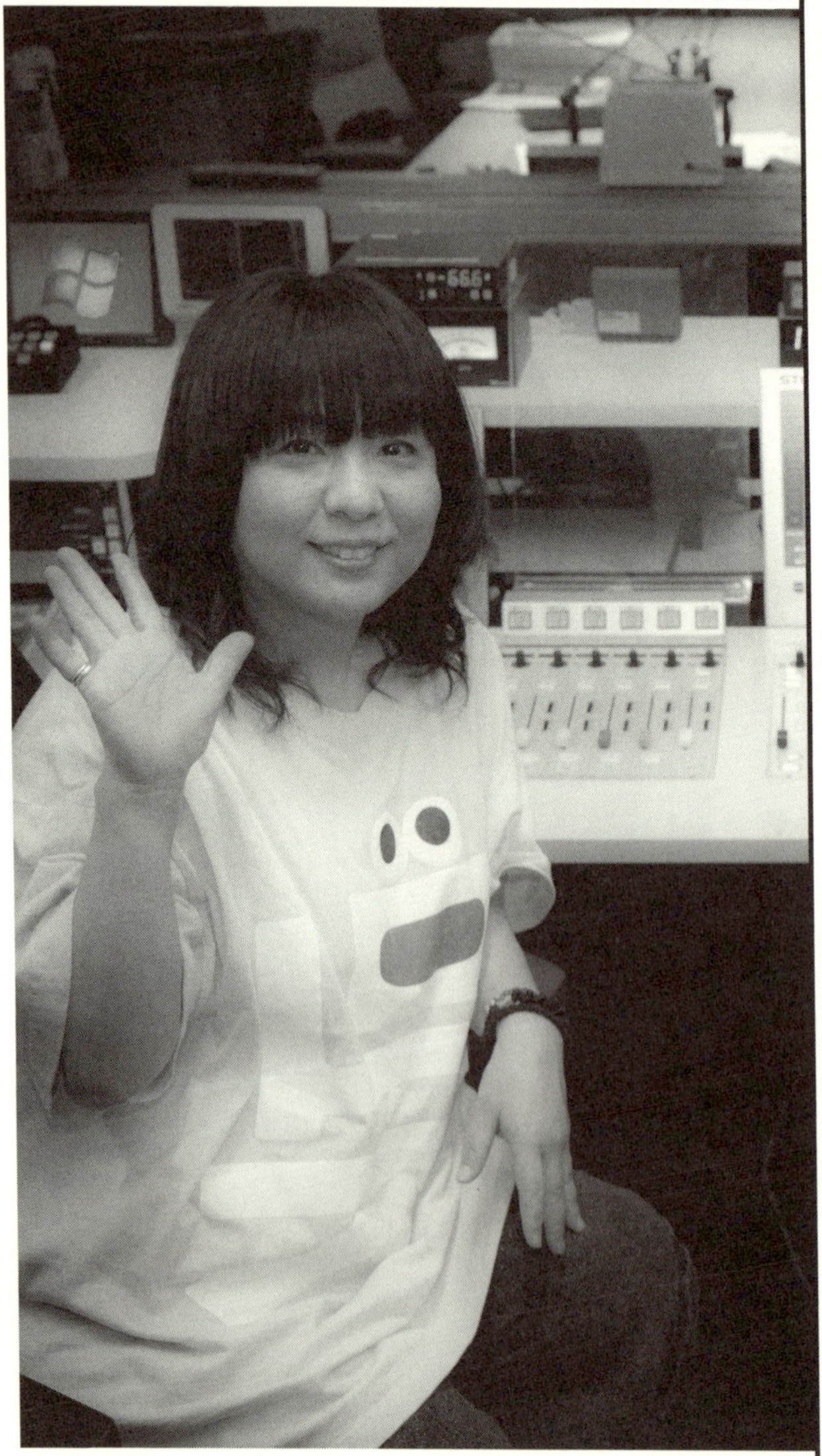

る日は呉から2時間かけて通ってます。普通に暮らすのってとても大事なんです。とくに昼のラジオでは。いまは呉市Tシャツ着てますけど、その前はエプロンが〝戦闘服〟でした。「普通のおばちゃん」なんだけど「ラジオでしゃべる普通のおばちゃん」。仕事に偏ると家事がおろそかになっちゃうし。しっかりしないと。普通に暮らして、普段着で、「また明日ね」って言える。これって嬉しくないですか？

だから番組の最後に「明日まで元気でね」って言ってるんです。月曜にまた会おうね、火曜にまた会おうねって週に4回も言える。木曜は「週末も元気でね」って。いまはそれがとってもしあわせなんです。

今はリスナーさんに支えられています。番組スタッフにも支えられています。共演者さんにも支えられています。そして、ラジオに支えられています。ラジオに何度も救われました。「おだしずえ」は昭和～平成～令和の時代と関わってくれたすべてのみなさんが育てたラジオのパーソナリティなんです。

広島の呉で生まれ育ったことも、中学から女子校に行ったことも、そのために呉線を使って通っていたことも、バイトからラジオの世界に入ったことも、音楽活動も、大阪や東京生活も、結婚・出産・子育て・介護も、出会いも分かれも、恋愛も失恋も、病気も、逆風も、セクハラも、イジメも、全てが肥やしになってる。今の私を作ってくれています。

だからかな？　こんなに丸々と肥えちゃいました（大笑）。

毎日毎日毎日・・挑戦し続ける男

[redacted]

#7 四国 地区

杉作J太郎

南海放送
痛快！ 杉作J太郎のどっきりナイト7

ON AIR 火〜木曜19時〜21時30分／日・月・金曜21時〜21時30分／土曜21時〜23時

2019年春改編の一番大きな話題といえば、杉作J太郎が南海放送で担当するこの番組だった。なんと週7日毎日放送しているのだ。しかもできる限りは生放送という、前代未聞の番組である。これからきっと「ローカルラジオスター」となるはずの杉作は何を思い番組を始め、そしてどこを目指しているのだろうか？

Cue sheet

TIME		内容	進行
1961		OP	愛媛県伊予市で生まれ、ほどなくして松山市へ
1980		学生時代	大学進学で東京へ
1982		東京へ	漫画家デビュー、コラム連載も多数
1986			「週刊平凡パンチ」で編集者に
1999			「平凡パンチ」廃刊後、各メディアで活躍
2000		ラジオデビュー	かしわプロダクション製作「女の楽園」（〜2001）
2003			男の墓場プロダクション設立。映画製作開始
2008			映画「チョコレート・デリンジャー」クランクイン
2011	M1	愛媛へ	松山市に事務所を借りる。徐々に引っ越し開始
2017	M2	冠番組開始	南海放送「どっきりナイトナイトナイト」スタート（〜2018）
2019	M3	週7日に	春改編で「どっきりナイト7」がスタート
	M4	日々挑戦中	絶賛毎日オンエア中

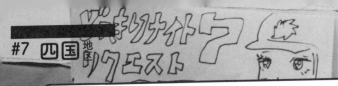

M1

東京から愛媛へ

松山と温泉と映画とラジオ

テレビ、ラジオ、雑誌など東京のメディアで活躍していた杉作J太郎だが、およそ7年の歳月をかけ、少しずつだが、生活の基盤、活動の場を故郷である愛媛県松山市に移していくことに。そこにはさまざまな思惑があったのだが、予定どおりに進むわけもなく…。

松山に引っ越して来た頃は、NHKの「ごごラジ!」【★1】にまだ出演していました。その前の「ごごのまりやーじゅ」【★2】っていう番組から数えると、あの枠では僕がいちばん長かった。それも含め、ほぼすべての収入源は東京だったもんですから、月の半分は松山、半分は東京っていう感じで暮らしていたんです。

10年前、両親がほぼ同時に癌を患いました。10年前は癌といったらもう「何もかも終わった」くらいの話で、これはエラいことになったっていうんで、僕もちょくちょく松山に帰ってくるようになったんです。そんな折、ちょっと外で風呂入ろうかなっていうんで、日帰りの温泉というんですか、はじめて行ってみたんですよ。そうしたらねえ……ちょっとあまりにも気持ちがよくてね、びっくり

★1　NHK第1で月～金で放送されている午後ワイド
★2　NHK第1で山田まりやがメインMCを務めた午後ワイド（2013-2016）

したんです。たった数百円で掛け流しの露天風呂なんかまであって。しかも市内に何カ所もあるので、24時間どこかは営業しているという。

それまでは知人なんかとたまーに道後温泉に行くくらいで、日常的に入るものでもないだろうと思っていたものですから、平日の昼日中から個人の思惑で温泉に行くなどという発想がなかったんですね。子供の頃にはそのよさにまったく気付かなかったんですけど、これはもう離れられないな、と。完全に病みつきになってしまったんです。

アニメならどこでも作れる!

きっかけはお風呂でしたが、居を移した最大の目的はアニメの制作でした。

僕は十数年前から「男の墓場プロダクション」という集団で映画を作っているんですけど、「チョコレート・デリンジャー」【★3】という作品を撮っている途中で、撮影が暗礁に乗り上げてしまったんです。アクション映画って、かなり大きな資金と大量のスタッフが必要なんですよ。たとえば僕たちはまだ、自動車ひとつひっくり返すことができていない。これはいったいどうしたものか、と悩みに悩んでいたところ、アニメというものに出会ったんです。「アニメならどんなシーンでもぜんぶ絵で描ける」ということに卒然と気が付いたんですね。

以前、教育テレビのアニメ特番に出演させていただいたとき、取り上げたアニメの監督がみなさ

★3　吾妻ひでおのギャグ漫画を実写化。杉作いわく、アニメパートができあがれば完成との話

ん地方在住だったんです。九州の監督にいたっては、ほとんどご自分ひとりだけで長編作品を完成させていました。「そんなこと可能なんですね」って僕が驚いていたら、「アニメは世界中どこでも作れますよ」とおっしゃった。これしかない！ってことで、アニメ制作のスペースを確保するため、松山のビルのワンフロアを2011年の3月1日に借りたんです。ワンフロア丸ごとですからね。さぁ「墓場プロ」スタッフをおおぜい呼び寄せなくては、と考えていた10日後、東日本大震災が起こりました。みんながボランティアで東北に行っているさなか、いくらアニメを作るからといっても東北とはまるで逆方面に引っ越したとは言い出せない状況になってしまったんです。

ほとんど誰にも伝えないまま粛々と引っ越し作業を進めていたんですが、僕の荷物が多すぎたんですね、東京のものを松山に運ぶだけで5年もかかってしまいました。遊んでいたわけじゃないんですよ。大きいときは2トントラックで、いちばん多かったのはハイエースですが、自分で運転して、東京と松山を数え切れないくらい往復しました。

その間も連載・出演などで仕事は続けていたんですけど、引っ越しで消耗したシワ寄せが来たんでしょうね。だんだんと仕事が上手く行かなくなってきたんです。気がつけば資金も底を突き、アニメスタジオはほぼ頓挫してしまいました。

南海放送の田中社長【★4】から「ラジオをやってみないか？」っていうお話をいただいたのは、そんな折のことでした。

★4　田中和彦。南海放送代表取締役社長。同局の元アナウンサー

M2

冠番組スタート

予定調和で終わらない珍妙な番組

地方局のほとんどが、夜の時間帯はキー局や東京で制作された番組を流しているが、南海放送は「MOTTO!!」という自社制作枠を作っていた。その土曜版として「MOTTO!!痛快！ 杉作J太郎のどっきりナイトナイトナイトナイト」【★5】がスタートする。

社長とは面識がなかったんですけど、あの田中和彦さんが社長になったというのは知っていました。アナウンサー時代のラジオはよく聴いてましたから。

ずいぶん前ですけど、僕はかしわプロダクション【★6】でラジオ番組を作ってたんです。「美女の楽園」【★7】っていう番組と、似たようなのをもう1本。僕が司会で、女性芸能人の美女をお呼びするような内容でした。番組の販売をしていたんですが、結局、いちばん成績が良いときでも全国で5局ぐらいにしか売れませんでした。

お目にかかったとき、図らずも田中社長の口からその番組のことが話題に挙がったんです。「同郷だし、買ってあげたいのはやまやまだったんだけどね」と。

かしわプロの営業の人は田中社長と知り合いで、ずいぶん営業をかけたらしいんです。ただ、ち

★5　2017年10月～2019年3月、土曜21時～23時放送
★6　東京にあるラジオ番組の制作会社
★7　2000年～2001年にかけてRCCやIBC、SBSなどで放送されていた

ょうどその頃は南海放送も財務状況が厳しく、番組を買う余裕がなかった、と。そのことをずっと気の毒に思っていらして、松山にいるんだったら今度こそ番組を始めてみないか、という話でした。

これから映画をやっていくなら宣伝媒体が必要になるな、と考えていたところだったんです。社長はお詫びのつもりの軽い気持ちだったかもしれないけれど、僕にしてみたら「渡りに船」どころか、絶対に外せない、ひさびさの重大なミッションでした。

東京のラジオはおもしろくない!?

藤田さん【★8】という方がディレクターをやることになりました。番組で不動明王って呼んでる人物です。「ひとつよろしく」って挨拶して、まずは時間帯の話ですよね、僕は深夜番組がやりたかったんです。深夜の生放送っていうのがいちばんしっくり来た。近田さんがやってた「パックインミュージック」【★9】とか、ああいう自由でおもしろい放送をやってみたかったんですよ。鶴光さん【★10】みたいに「はやく入れてちょうだい…ああ気持ち良い…やっぱり入れると気持ち良いわねえ、目薬は」とか、ああいうネタもやってみたかったですし。

僕ね、南海放送のラジオをよく聴いてたんです。20代から30歳ぐらいまで、たまに帰ってきたときに聴いて、さらには録音もしてたので、局にもないようなアーカイブをたくさん持ってるんですよ。ズバリ言いますけど、その頃の東京のラジオはぜんぜん面白くなかったんです。たまにおもしろ

★8 藤田勇次郎。南海放送アナウンサーでもある
★9 「近田春夫のパックインミュージック」(1980-1981)
★10 「笑福亭鶴光のオールナイトニッポン」(1974-1985)

現在の番組には珍しくハガキが毎日何通も届くのが特徴。そこには直筆の文字だけでなく、イラストが描かれていることも多い。

い番組があっても終わっちゃうんですよね。ラジオ日本でやってた「バチバチ電波注意報」【★11】とか「杉紀彦のラジオ村」とか好きだったんですけどね。そんな中、松山に戻ってラジオを聴いてみたら、やっぱり相変わらずおもしろいわけです。信じられないくらいおもしろいもんだから、こっちにいる間じゅうテープに録音して、東京に戻ってから聴いてたんです。

そういえば田中社長が昔深夜にやってた番組【★12】もね、だれも聴いてないと思ってまあデタラメでしたよ。局部の呼称を連呼してゲラゲラ笑ってましたからね、涙流しながら。嘘じゃないんですよ！　僕、音源持ってますから（笑）。でもね、そんなメチャクチャなことやり

★11　「コーシン・なおとのバチバチ電波注意報」
★12　「POPSヒコヒコタイム」（1982-2002）

ながらも、洋学博士ですからね、誰も聴いたことのないような格好いい曲を流し続けるんです。ひょっとしたら僕も知らず知らず、そのスタイルの影響を受けてるのかもしれません。

社長からお話をいただいたときにはまだ「ごごラジ！」を続けていて、それが金曜でした。東京と松山をクルマで行き来していましたが、日曜の深夜番組だったら余裕で間に合うだろうと考えていたんですよね。でも、フタを開けてみたら新番組は土曜日になっていた。「もう決まりました」って言われて、「それはちょっと……」って考え込んでいたら「決まったものは仕方ないでしょう」と、とりつく島もない。

引っ越し以来、長距離運転が趣味なんですよ。ご存じ「トラック野郎」とか、特撮ものの「アイアンキング」って番組とかね、石橋正次と浜田光夫が日本全国をクルマで回る特撮モノなんですが、それが〝男の浪漫〟と刷り込まれていまして。はじめはけっこう大変だったんですが、いちど慣れたら今度はハマってしまいまして、いつのまにか特技にもなっていたんです。

半分くらいは下道で行くんです。下道をゆっくり走って、もうこれ以上遊んでるわけにはいかないと思ったら、愛知県の辺りから高速に乗ります。普通に行くと2泊3日くらいかかるんです。でもそれじゃ土曜の放送に間に合わないっていうんで、自腹で飛行機を使うことになりました。しかもね、LCCはこちらの都合のよい時間に飛んでなかったから、結局普通の航空会社を使うことになってしまったんです。それだと完全に赤字です。しかも、飛行機なんて天候次第で簡単に飛ばなくなりますからね。番組に穴をあけてしまう可能性もある。東京か愛媛か、一方を選択するしか道はないように感じました。

さて、どちらを選ぶか。南海放送では好きなように2時間やらせてもらえるけど、NHKの方は僕じゃなくても……、とかって苦悩していたところ、なんとNHKの番組の降板が決まったんです。「辞めます」って言う寸前、まさにギリギリのところでした。

飛行機が飛ばないのがいちばん怖かったんです。いつかは起こるだろうとハラハラしていたのですが、奇跡的にそうならず、しかも円満に終わることができた。いまでも神門さんや高橋さん【★13】と仲良くさせていただいているのは、この奇跡のおかげですね。

コーナーはなにも決めたくない！

「ドッキリ」をスタートするに当たって、番組内容を決める会議があったんです。これが紛糾しましてね。ときにはかなり激しい口論にもなりました。

僕はとにかく「なにも決めたくない」とだけ言ってたんです。常設のコーナーを順番に進めていくような番組だけはやりたくない、と主張していました。

年齢的に考えても、もう二度とラジオの生放送なんてできないかもしれない。たまたま松山でやらせてもらえるのも〝かしわプロの一件〟があったからで、ほんと、奇跡の扉が開いたような状況で

★13 「ごごラジ！」の共演者。神門光太朗アナと高橋久美子

すよ。だから、かつて誰かがやってたような予定調和の番組はやりたくなかった。それだけは譲れなかったんです。

でも局側は「ラジオとはコーナーとコーナーをつないで進めていくものだ」と言うわけです。「そうしないとお便りなんて来ない」と。でも僕は「そんなお便りなら要らない」って言いました。そんな大喜利みたいなお便りは絶対に1通も要らない。職人みたいな存在も要らない。

ただ、これは放送の第1回から言ってるんですけど、ハガキは送って欲しいと。そして、メッセージの長短は問わないから、できれば絵やイラストを一筆添えてくれ、とお願いしてるんです。僕の印象として、昔のラジオってリクエストカードがよく本になってたんですよね。それくらい1枚1枚のクオリティが高かったんです。その記憶があるんで、ラジオというのはもっとアート寄りというか、クリエイティブなものであって欲しい。詩や俳句を書いてきたりとかね。そういうお便りは欲しいけど、AIでも書けるような、ワンフレーズの単調なものはいらない、と言いました。

僕の番組に送られてくるお便りって、一通一通がすごく長いんですよ。だから3分とかちょっと空いた時間に読むものがなくて困るんですけど（笑）。そもそもひとことで答えられるようなテーマがない番組なんです。よくある大喜利とか「○○のコーナー！」みたいな企画はいっさいありません。

僕の好きな近田さんや高信太郎さんや稲川淳二さんのラジオ【★14】は、ひとりひとりまったくスタイルが違っていて、同じフォーマットでやってる人なんてひとりもいなかった。でも最近のラジオって、クルマで走りながら聴いてると、別の県に入っても内容がほぼ変わらないんですよ。特に昼間

★14　高信太郎のオールナイトニッポン」（1975）と「稲川淳二のオールナイトニッポン」（1976-1977）。高信太郎は漫画家

はすごく似てる。ところが南海放送だけは違うんですよ。

いつだったか、南海放送のラジオを聴いていたんです。そのときね、もう全国どこでも大絶賛されていて、批判など絶対に聞こえて来ないような、ラジオ局も新譜が出たら無条件でかけ続けなきゃいけないような歌手がいますでしょう？　そういう人の新曲をね、ラジオのＤＪがボロックソにけなしてたんですよ。「ナメてるよ！二度とかけない！」って、ものすごく怒ってました（笑）。なんて素晴らしい局なんだ！と感動したんです。ここはすごく変わってると思います。だからやりやすかったっていうのもありますね。僕ひとりだけが変なことやってたらきっと潰されてます。

なぜか最後まで聴ける

結局、めちゃくちゃなままで「ドッキリ」は始まったんです。なにひとつ決めず、行き当たりばったりです。曲がかかんなかったり、いきなり終わったりとかは当たり前。もちろん、そこが僕の目指す場所だったわけですけどね。ところがね、驚くべきことに、番組審議委員【★15】の先生からの評判が悪くないという噂を耳に挟みました。「何を言っているかよくわからないし進行もデタラメだけど、なぜか最後まで聴ける」、と。最後まで聴ける番組というのは珍しい、と褒めていただいたらしいんですね。社長も「しばらくこのまま好きなようにやらせたほうがいいよ、その方がおもしろくなるから」と言って下さったと聞きました。

★15　放送法により設置が義務付けられており、放送の適正を審議する。各局が選任する

ラジオ局長とお酒を飲みに行ったとき、「いましかない！」と思って「僕、ヤクザ映画が好きなんですけど、そういう話はしないほうがいいでしょうね」って訊いてみたんです。そしたら「うーん……しない方がいいでしょうね」って（笑）。だけどねぇ、話したい！　鶴田浩二や安藤昇【★16】の曲もかけたいですからね。ラジオだからこそ聴きたいじゃないですか。いまどき安藤昇の曲がかかるラジオなんて皆無でしょうけど、愛媛県だけででもかけてたら民度の高い子どもたちが育つんじゃないかと思います。きれいな食べ物ばかりじゃないんだよ、って教えたいんです。

そうこうしているうちに、作っていたヤクザ映画の本【★17】が出ましてね、これがまさに実録映画の本で、実録の曲も電波に乗せたくなってきてしまって。今は実録のサントラ音源とか売ってるんです。それをかけたらおもしろいだろうなと（笑）。ヤクザが好きなわけじゃない、ヤクザ映画が好きなんですから。それをわかってもらおうと思って、刷り上がった本を社長に贈ったんです。ひょっとしたら怒られるかな、とも思ってたんですけど、社長がやってきて「僕が学生の頃は、洋画なんかよりこっちの方が人気だったよ」って言ってくれたんです。本当にすばらしい放送局ですよ。いままで色んな曲をかけたり話題を出したりしてきましたけど、まだ一度も怒られたことがありません。

噛み合っちゃダメなんです！

南海放送の番組はたいていADを付けてくれるんですけど、「ドッキリ」にも大学生のADが何

★16　元ヤクザで俳優、歌手として活躍。著書も多数。2015年没
★17　東映実録バイオレンス浪漫アルバム（徳間書店）

人か入れ替わり立ち替わり来ていて、そのうちのひとりが「なっちゃん」でした。バイトなので自分たちでシフトを組んで回すんですけど、あるときから、なっちゃんはほぼ土曜、つまり僕の番組に固定されるようになったんですね。いろいろ話を聞いたら、どうやら他の子たち、土曜の夜は遊びに行きたいようなんです。そりゃそうですよね、大学生ですし。ところがなっちゃんは土曜日でも大丈夫らしい、って話が周囲に伝わっちゃって(笑)、ほぼ毎週来るハメになったということでした。はじめは「お嬢さん」って呼んでたんですけど、なんかイヤらしいんで「名前はなんていうの?」って訊いたら「みんなは『なっちゃん』って呼んでます」って答えたんですよ。フィリップ・マーロウ【★18】みたいなやつだな、と感銘を受けましてね(笑)。

わりと早い時期から、もし2MCでやるならこの子だな、っていうのは感じていたんですよ。というのは、僕となっちゃんがまったく噛み合わないからです。

僕はトークライブをいろんな人とやってるんですけど、なんだかんだ、いちばん長く続いているのは吉田豪【★19】なんです。なぜって、それは吉田豪と僕がまったく合わないから。方向性も趣味も完全に違ってて、たとえば吉田豪は映画にいっさい興味がないし、音楽ひとつでも格好良いと思うものがまったく異なる。でも、だからこそいつまでも話が終わらないし、続くんですよね。「それは違うだろ!」「いやいやそんなことはないですよ」とかって。

世界観や知識が異なるほど良いっていうのはわかってて、そこへ行くとなっちゃんは僕の言うことを知らないどころか、関心すら見せない。しかも彼女は「知ってます」っていう態度を一切見せない

★18 レイモンド・チャンドラーのハードボイルド小説の主人公
★19 ライター。プロインタビュアー

んですね。自信を持って「知りません」と言ってくれるから話題が盛り上がるんです。
さらにすごいのは、ずいぶん年長である僕に対し、まったく譲ってこないところです。違うことは「違う」、おかしいことは「おかしい」と、ひるむ素振りすら見せずに主張してくる。それでいて声がかわいらしいでしょ？　こんなに素晴らしいことは世の中にないんじゃないかと思いましてね。

M3

毎日ラジオ!

前代未聞！「週7」番組の誕生

2019年4月、番組は「ドッキリナイト7」としてリニューアル。過去にも例が見当たらない週7放送（しかもほぼ生）に踏み切ったのだ。

最初はウイークデーのみ、週5で打診されたんです。でも僕ね、土曜がなくなるのだけは、いくらなんでも呑めなかった。「ごごラジ！」と同時にやった約1年間って、両立させるのがほんとにキツかったんですよ。なっちゃんも雑誌のインタビューで僕の第一印象を訊かれて、「いつもすごい疲れてる人」って答えてましたよ。ほんと疲れ切っていたんです。全身全霊を注いでいたのでね、仕事でこんなに一生懸命になったことなかったですよ。そうまでして守った土曜日がなくなるって聞いて、それだけは絶対に受け入れられなかったんです。

局もそういう僕の思いを汲んでくれたようで、なんとか土曜を残してくれました。この時点で週6日です。もう東京の仕事はできなくなりました（笑）。ま、完全にできないんだったらあきらめが付くんで、いっそ日曜日もやらせてくれってお願いしたんです。

いえ、週7日ってふつうに考えたらムリじゃないですか？ 人間として無理があるんで、たまに休んでも怒られないんじゃないかっていう計算があったんです（笑）。日・月曜は30分番組ですからね。いざとなれば録音で対処できるんじゃないかなと。

ライムスター・宇多丸のエール

最初の番組（土曜の「ドッキリ」）を始めたとき、僕の中で大きく引っかかっていることがありました。ちょうど裏で放送されていた宇多丸さんの「ウイークエンドシャッフル」【★20】のことです。この番組には僕もちょこちょこ出させていただいてたんですが、いまはradikoがあるから真裏ってことになっちゃうんですよ。これがとても気まずくてね、連絡も取れてなかったんです。

そんなある日、たまたま会う機会がありまして、しかもそのときには宇多丸さんの番組がウイークデーに移ってたんです【★21】。心のわだかまりが無くなったから楽しく話すことができました。そんなタイミングで、こんどはこっちがウイークデーに移ることになった。また宇多丸さんの裏です。

★20　通称「タマフル」（TBSラジオ、2007-2018）
★21　「アフター6ジャンクション」（TBSラジオ、月〜金曜18時〜21時）

でも、こんな気持ちじゃ週7回なんて精神的に保たないと思って、こっちから連絡したんです。『宇多丸さんの放送を聴いていただいて、ついでにこっちも聴いていただけたら』って番組で言いますよ」とかなんとか申し開きをしましてね。そうしたら「何言ってるんですか！　ラジオはいまウラとかオモテとか言ってる状況じゃないでしょ？」みたいなことを言ってくれて。「ラジオを守るためにお互いがんばっていこう」と、固く誓い合ったんです。

マイクの向こうの「僕」

僕はほんとにラジオが好きなんです。自動車で、とくに下道をひとりで走っているときはラジオに限りますね。ただね、平日はいいんですけど、土日になると生放送が少なくなって、それがすごく寂しく感じるんです。とくに民放は夜とか夕方になると、生が極端に少なくなる。だから、たまにライブでやってる番組に出くわすとすごく嬉しいんですよ。中身が普通の会話でも、格別に嬉しい。そういう経験があるんで、僕が毎日生で出てたら、最初は「なんだこの人？」って思うかもしれないけれど、いつか誰かの手助けになることもあるんじゃないかと思ってるんです。

二十歳のころ、原因不明の病気にかかって、3週間ぐらい身体がまったく動かなくなってしまいました。おまけに目まで見えなくなって、テレビも観られないし本も新聞も読めない。手も首も麻痺してましたからね。正月でしたけど、病院のベッドに横たわったまま「このまま死ぬんだろうな」

と完全に悲観してました。ただね、そんなときでもラジオだけは聴くことができたんです。すごく心の支えになったんですよ。宗教の番組なんかも含めて、ひとりでしゃべってる番組がすごく染みるんですよね。逆に、大人数でワイワイガヤガヤやってるような番組が耳に入ると絶望的な気持ちになるんです。「あけましておめでとうございます!」なんて聞こえたら、「俺なんかに関係なく世の中動いてるんだな」ってね。

だから、僕が放送を送る側に座ることになったからには、自分のラジオではだれひとり寂しい気分にさせたくなかった。メールやツイッターを送ってくれる人より、送って来ない人のことを考えなきゃいけない。お便りはもちろん読むけど、まったく読まない時間もわざと作っているんです。メッセージに向き合いすぎるとラジオの向こうにいる人に意識が行かなくなってしまうんですよね。手紙やハガキを書ける人はまだ元気な人です。病院のベッドで毎日泣いていた僕もマイクの向こう側にいるんです。

君が「やりたい」と言うのなら

週7日という話が出たとき、局側から『男の墓場プロダクション』で制作を丸ごと請けてもらった方がいい」と言われました。とはいえ、こちらに住んでる「墓場プロ」のスタッフは僕ひとりですし、東京から呼び寄せられる技術者の知り合いも思い当たりません。

杉作とディレクターの"モモヒキ"くん（写真左）の2人で番組を作り上げる。なにせ放送は毎日だから、放送終了後も次の日の仕込みなどで深夜まで作業が行われる。

そのとき、ちょうどモモヒキ【★22】が映画の企画会議で松山に来ていたので、彼にチラッと話を振ってみたんです。「どう？君はやりたいの？」って訊いたら「やりたいです」と言います。でもやっぱり心配になったので、当時の局長にお目にかかり「あいつにできますかね」って訊いてみたら「大丈夫、できます！」って断言するんです（笑）。あいつ、ラジオのサブにも入ったことないですよ、って言っても、大丈夫大丈夫の一点張り。

いえ、僕としても彼にいてもらったほうがいいんです。普

★22　男の墓場プロダクション・土屋大樹。ドッキリ7ディレクター

段からこっちにひとりいてくれたら急な撮影でも対応できますからね。それに番組制作ごと請け負えば、モモヒキも定職に就けるし、映画にも関わることができる。僕にとってもすごくメリットが大きいんです。

彼が墓場プロに来たのが大学生のときで、ちょうど「チョコレート・デリンジャー」の撮影が終わりかけていた時期だったんです。なので、立場上は助監督ですけど、追加撮影ぐらいしか現場の醍醐味を味わってないんですよね。10年付き合わせてしんどい思いばかりさせてきたので、少しは報いてやりたいと思いました。そのためには「1週間」やるしかない。局の方も「ラジオの機材の使い方をマスターしたらよそへ行ってもできるよ」と言います。

60~70人いる「墓場プロ」ですが、はじめから技術を持っていた人を除くと、プロの人材がひとりも育っていない。そこはすごく気になっていたんで、モモヒキがディレクターとして独り立ちできれば、プロダクションとしての目的のひとつをようやく達成することができます。

最後の決め手

体力的には自信がありましたし、スケジュールも大丈夫です。ま、話題もなくなりゃしないだろうと思ってました。

そのかわり、なにが不安だったかと言えば、気持ち的に折れたり、気分っていうか、テンションが下がることでした。あと、飽きられるんじゃないかっていうのも。だからこそ、ずーっとひとりっきりでは無理だろうとは思っていて、いろんな方面から助言をいただきました。アナウンサーをアシスタントに起用するとか、そういう意見を数多くもらったんです。しかし「デタラメさ」を守りたい僕としては、アナウンサーにお願いするっていう選択肢はあり得ない。アナウンサーは良くも悪くも達者ですからね。番組が型にはまってしまうおそれがあったんです。

ディレクターがモモヒキに決まり、局に最後の返事をする直前、なっちゃんに「アシスタントとして番組に出演してくれないか」と依頼しました。来られる時間だけでいいし、学校を最優先させて欲しい、気が進まないなら最初の数回だけでもいいから、とお願いしてみたんです。すると彼女は即座に「大丈夫です」と答えてくれたので、「じゃあやろう」と番組を引き受けることに決めました。

ただ、なっちゃんのことはしばらく誰にも言えませんでしたね、怖くて。局にはプロのしゃべり手がたくさんいるので、反感を買うんじゃなかろうかと懸念したんです。なっちゃんはしゃべりが上手いわけじゃないし、知識があると言っても地球とか生物とか宇宙とか物理とかですから。芸能や音楽なんて知らないし、興味もない。

ところが、僕が欲しかったのはまさにそういう存在だったわけですからね。僕が知らないことを知っていて、僕の知っていることを知らなくて、僕の言うことにきちんと反論してくる人。そう、なっちゃんなんです。彼女がやってくれるならたぶん続けられると思った。それくらい全幅の信頼を置いているんです。番組の空気感が保たれるって言うんでしょうかね。僕は放っておくと（高橋）

悦史【★23】の話ばかりとかになっちゃうんですけど、彼女がいるときはなるべく抑えますからね、そういうバランサーの役目も担ってるんです。

考えてみたら〝予定調和を避ける〟という意味でも、なっちゃんはその体現者ですよね。だって、リスナーはもちろん、僕も彼女がいつなんどきスタジオに現れて、いつまで来てくれるのか知らないんですから。

M4

未来と可能性

〝ここ〟でならできること

なにが起こるかわからない、今日も無事放送が終えるのか？と〝ドキドキ〟しながらも中毒になるリスナーが多発している。そんな中で杉作はさらなる「こだわり」を追求、番組そしてラジオの未来を模索し続ける。

週に1度は「ドキュメント」と称して、街に録音機を持って出かけるんですけど、積極的に小学生と絡むようにしているんです。いまの小学生はラジオを知らないんですよね。概念すら持っていない。「ラジオだよ」と言っても「カメラはどこ？」って訊いてくるんです。こういう子どもたちに〝ラジオ〟を伝えるのって、けっこう難易度高いですよ。

★23　文学座の俳優（1935-1996）。主な出演作は「日本のいちばん長い日」「戦争と人間」など

だからこそ思うんですけどね、僕くらい自由にしていないと子どもたちは聴かないですよ。自由を求めてユーチューバーになるんですからね。台本でがんじがらめのコーナーを作って、何時になったら何を流してとか、そんな気まずい番組、小学生は聴かないです。絶対に聴いたことないような曲を放送で流しますけど、それだったらまだ聴いてくれる可能性があるんじゃないでしょうか。こんな嫌味のないものはないですよ（笑）。

ただね、これ南海放送だからできるんですよ。ここはレコードが異常にたくさんあるんです。数万枚あるっていいますからね、信じられないようなレコードが眠ってるんですよ。番組が始まってすぐに「ジョニー大倉とベイ・ジャンク外人部隊」のシングルをかけたんですけど、完璧な新品でしたからね（笑）。南海放送に貰われて来てからまだ一度も針を落とされたことがなかったっていう。

洋楽のシングルとかも山ほどあるんですよ。あれは社長がＤＪをやってたころに集めたんじゃないですかね。ラジオ部の部長なんかもヘビメタマニアですからね。

選曲への徹底したこだわり

曲順には非常にこだわっています。僕の番組は、通して聴いたらものすごく気持ちよくなるように作ってあるんです。昨晩は「怒髪天」をかけたあと、予定では「柳ジョージ」だったんですよ。でも怒髪天をかけながら、このままでは柳ジョージの良さが埋もれてしまうことに気付きました。

なので、誰もかけたことのないようなソウルミュージックを急遽挿入したんです。

いつも3曲くらい先の曲まで想定しながら組み立てていくんですが、これはなかなか大変な作業です。現場はナマモノですから、お便りやリクエストの内容次第でそのつど状況が変わっていくんです。かつて選曲の修行を積んできたこと【★24】が役に立っていますね。

ただ流せてないのは浪曲ですね。スタンバイはしてあるんですけど、やっぱり長いんです。去年、試みに「原子心母」【★25】をかけてみたんですが。途中ボリュームを落としてトークを入れて、またボリュームを上げてまた落としてトーク、っていうのをやったんです。ほんとはトークは入れたくなかったんですけど、まだ早いだろうな、と思いましてね、刺激を弱めるように工夫したんです。

選曲ってキャッチャーの配球みたいですよね。外外外内みたいな。配球の幅に関していえば、僕は日本一広いと思ってますよ。僕くらい「売れてない」曲をかけている人はいないですね。だって僕も知らない曲ですから。いわゆる放送禁止の曲もかけちゃってますし。三上寛さんの曲やなんかをモヒキに渡してしまって、放送中に「あっ!」って気付くこともわりと良くあるんですよね。

ラジオに「首都」はない

「ローカル」っていうのは意識していないです。いまはradikoがありますからね。ラジオに首都はないと思いますよ。

★24 L.L.COOL J太郎として音楽活動をしていた
★25 ピンク・フロイドの楽曲（1970）。5つのパートに分かれ全部で20分を超える大作

かつてはそういう、東京や大阪が優位だった時代があったと思うんですよ。東京じゃないと一花咲かないとか、一旗上がらない時代はあったし、そういう青春もたしかにあったでしょう。でもね、東京の優位性はもうないと思いますよ。これからはさらに気を遣う相手が増えて、東京で仕事をしてる人は日ごとに動きにくくなっていくと思います。

東京の「青春時代」はもう終わってますよ。成長して、街が楽しくなっていく時期は過ぎました。あとはどうやって形をつけて締めくくるか、その段階だと思います。対して地方都市には、まだ良くなる余地があると思います。現に、僕が週7日やれているのは、気を遣う相手がいないからです。東京だったらすでに潰れているはずですよ。

謙遜じゃなくて、自分がディスクジョッキーとしてこれからどんどん成長して上手になるとは思っていないです。だけど、僕には「開拓」することができる。ラジオを開拓して、自由にしゃべれる場所を次の時代の人に残せたらいいと思ってます。

僕はいちど、キー局をシャットアウトして、1日中ローカルだけでオンエアする南海放送を見てみたい。局の人は「ぜったいに無理だ」って言いますけどね。でも万が一それができたら、朝の5時まで、ここの灯りが外に向かって光り続けるわけですよ。夜中にしんどい思いをしている人なんかはそれを見て、「ああ、あそこでまた、バカが朝までしゃべってるんだな」って、ちょっとはホッとすると思うんです。その状態をなんとか、僕がいる間に実現できたらいいな、と。それができたら、〝ラジオ〟を次の世代に渡せるじゃないですか。いまはオールナイトニッポンの方をみんなが聴きたいと思ってますけど、もっとおもしろい番組を地元で作りたい。

radikoのおかげで、僕の番組には県外のリスナーがとても多いんです。観光客といっしょで、いかに外の人に聴いてもらえるかを考えていくのも大切な要素だと思います。いつか、この番組をキー局に番販できたら痛快でしょうね。

プロレスより自由に

プロレスの裏方を3年間やったんですけど【★26】、ディスクジョッキーとすごく似ているように感じます。物語を作って、いろんな出来事が起こるけど、結局はぜんぶをつないで最終的におもしろくなればいいという点において、手触りが同じなんです。

最終的にうまく着地させて、「ああおもしろかった、また聴きたいな」って思ってもらう作業って、映画やドラマよりもプロレスの仕事に近い気がします。ただ、プロレスの場合は複数の生身の人間に動いてもらう必要があるので、レスラーによってはできないこともあるし、狙ったとおりの効果が産み出せなかったりしますよね。人もお金もたくさん動いてますから、アイデアが会議の中に埋没していってしまうこともしょっちゅうです。

ところが、僕のラジオは僕ひとりですから、物事が狙ったとおりに動かせるんです。

近田春夫さんの番組では、近田さんが選曲して、近田さんがもう1回聴きたいと思ったらもう1

★26　冬木弘道がトップだった頃のFMWで「ストーリー」構成に携わっていた

自分が好きな曲をかけて、呼びたい人を呼んで「おもしろかった」で終わる。それが僕にとってのラジオです

回かけて、近田さんが呼びたいゲストを呼び、音楽の話をして、近田さんが「ああおもしろかった」って終わっていました。そういうものこそが僕にとっての「ラジオ」です。

プロレスでも映画でも自分の思い通りにならない部分って必ずあるんですけど、ラジオではむしろ、自分のやりたいようにやらないと面白くならない。自分のやりたいようにやれる「ドッキリ7」はほんとうに楽しいんです。天国のようです。しゃべり手が全権を担えるのって、いまやローカルラジオだけなんでしょうね。

じつは、ラジオにはじめて出演したのも南海放送でした。中学生のときです。映画の番組で、ハガキが気に入られてスタジオに呼ばれました。女子アナとおしゃべりしましてね、出演したごほうびに好きなレコードをくれるって言うんで、桃井かおりさんのアルバムをいただきました。土曜の頃から、番組の終わりに流しているのがその曲です【★27】。中学生ではじめてラジオに参加させてもらって、紆余曲折あって最終的にまた南海放送に戻ってきてラジオに出ている事実を「運命」と呼ぶのはロマンチックに過ぎるでしょうか。

なにひとつ決まった型のない番組ですけど、エンディングだけはこの曲と決めています。番組の内容がどんなにめちゃめちゃでも、デタラメでも、この歌がすべてを包み込んで締めてくれるような気がするんですよね。ま、パーソナルなものなので、僕が締まれば良いんです。やりたいようにやって、つまんなかったら他の人に変われば良いだけですから。

★27 「ONE/KAORI MOMOI FIRST ALBUM」（1977年）に収録されている「KAORI I」

「おもろいラジオ」のつくり方

#8 九州地区

中島浩二

FM福岡
MORNING JAM

ON AIR 月～金曜 7時30分～12時30分（金曜のみ～10時55分）

福岡の人なら誰もが知ってる人気番組「MORNIG JAM（以下、モーニングジャム）」のほか、AMラジオ、テレビでも同時にレギュラー番組を抱えること20年以上、ローカルスターを地で行くのが中島浩二だ。スタッフ出身という「制作者」目線でおもしろさを追求する、彼の仕事へのこだわりとは？

Cue sheet

TIME		内容	進行
1965		OP	兵庫県尼崎市に生まれ、小3で福岡県大牟田市へ
1981	M1	学生時代	文化放送「青春キャンパス」キャンパススタッフに
1982			大学でディスクジョッキー研究会へ
1987		社会人	一般企業へ就職後半年で退職。制作会社・サンケンへ
1990	M2	喋り手デビュー	KBCラジオ「3P」のパーソナリティに抜擢
1998	M3	ジャム開始	FM福岡「モーニングジャム」を担当
2001	M4		「おもろい家族本」の第一弾を出版
2003			昼ワイドの「PAO～N」（KBC）に出演（～2017年まで）
2004			「ゲバゲバサタデー」（KBC）開始（～2011年まで）
2012	M5	独立	「サンケン」から独立
2016			「モーニングジャム」の月～木曜が12時30分までに拡大
2017			「夕方じゃんじゃん」（KBC）スタート
2019			「モーニングジャム」を担当して丸21年に！

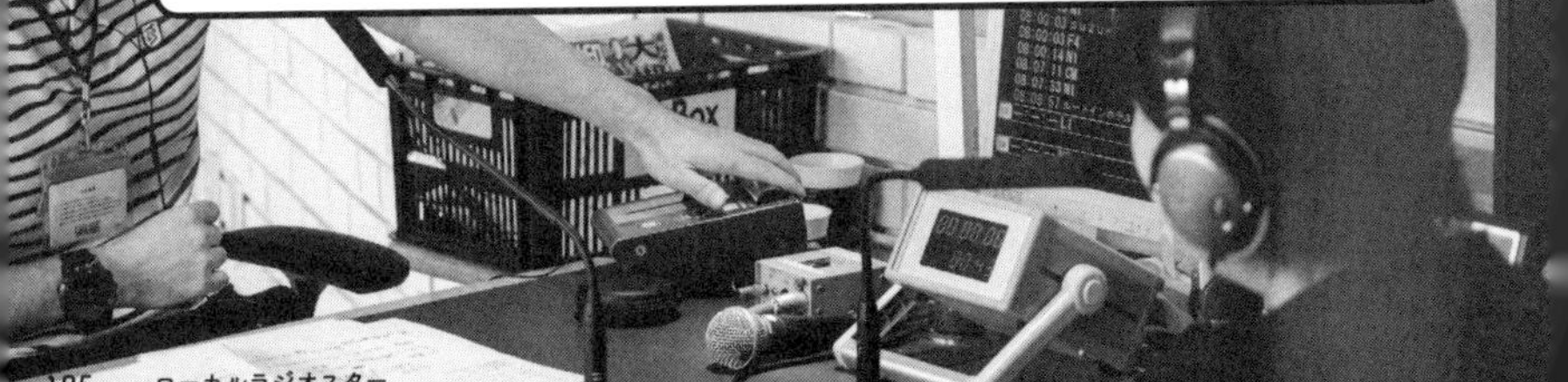

M1

学生時代

高校生でラジオデビュー!?

約30年前、福岡、九州の中高生リスナーに絶大な人気を誇った番組は、喋り手もスタッフも20~30代前半という若い人たちによって作られていた。中島浩二もそのスタッフの輪に最若手として加わり、「番組作り」において大切なことを学んでいく。

僕たちの世代って受験勉強の際にラジオを聴いてる世代ですから、若者とラジオとの距離が近かったんですね。「オールナイトニッポン」で言えば、いちばん最初に聴いたのは笑福亭鶴光さんとかタモリさん。高校に上がるくらいにビートたけしさんが始まりました。

その当時、谷村新司さんがMCを務めていた「青春キャンパス」【★1】っていう番組も好きで、よく聴いていたんです。全国ネットの高校生向け番組でした。番組内に「キャンパススタッフ」という企画があって、全国の各放送局に高校生スタッフが採用されるんですけど、僕のクラスメートが選ばれたんです。「えっ⁉ じゃあ俺もやるやる!」という感じで、高校2年生のときに応募して、彼の後釜として「キャンパススタッフ」を担当させてもらうことになりました。

番組では各局の若手アナウンサーが「キャンパス・リーダー」というのを担当するんですが、

★1 文化放送をキー局に全国ネットされていた番組(1980-1987年)

KBCの担当は沢田さん【★2】だったんです。当時はまだ24歳くらいです。

高校生が務める「キャンパススタッフ」は、自分たちで企画を立てて番組を作るんです。天神の街に出て同じ年代の学生にインタビューしたりして。それが30分番組の冒頭5分に流れるんですけど、全国の高校生が持ち回りで担当するわけです。ちなみにずいぶん後になってですが、谷村さんとお会いしたときに「実はキャンパススタッフをやってました」と言ったらずいぶん喜んでくれて、いまでも連絡を取らせてもらっています。

そういう高校時代の経験もあって、大学ではディスクジョッキー研究会、通称〝D研〟に入りました。イベントを催したり、当時はミニFM局【★3】が流行っていたんで、トランスミッターで電波を飛ばして学内だけで聴ける番組を作ったりもしてましたね。

その後、放送業界に進むことはなく、新卒でサラリーマンになったんですけど、「あー、ここで働くのは違うかもしれないな」と感じてすぐに退職したんです。半年くらい研修して、営業として北九州に赴任して、すぐに辞めました。いまにして思えばほんとに迷惑な話ですよね（笑）。

意外と諦めが悪いところがあって、今の仕事でも「もうだめだ」って思うこともなくって、そこをなんとかするところに楽しみを見出す性格ではあるんです。中学校のときの部活もそうでした。サッカー部に入って、もうほんとにきつくてきつくて。みんな吐きながら体力づくりの練習をして、どんどんやめていくんですけど、「どうやったら楽ができるんだろうな？」とは思うんですけど、辞め

★2 沢田幸二。九州朝日放送エグゼクティブアナウンサー。現在もラジオは「PAO～N」、テレビは「サワダデース」のメインMCとして活躍
★3 FMトランスミッターを用いて、免許を要しない微弱のFM電波で行う。80年代にブームに

ようとは意外と思わなかったんですよね。そう思うと、サラリーマンとして入った会社を半年で辞めたのは、ほんとうに「違うな」と思ったからなんでしょうね。

で、何をしようかって話になりまして。大学時代、D研のツテで、電話受けとか雑用のバイトでKBCの「PAO～N」【★4】に出入りをしていたんですけど、同じバイトスタッフに大学の先輩【★5】がいて、彼が制作会社を立ち上げたっていうんで、そこに入社したんです。88年のことです。

それからは、正式に制作会社・サンケンの社員として「PAO～N」にも関わるようになりました。「PAO～N」のラスト2年のタイミングです。

M2

ラジオデビュー

裏方としゃべり手、消えゆく境界線

「ラジオやテレビでおもしろい番組を作りたい!」という気持ちで制作会社に入った中島。しかし本人が想像もしていなかったことが起こる。

KBCラジオに「PAO～N」を作った窪田さんというディレクターがいたんですが、「KBC（の番組編成）がぜんぶ変わるよ」【★6】って話で、沢田アナが昼間のワイド番組に行くと聞かされ

★4 1990年春まで放送された夜ワイド「PAO ～ N ぼくらラジオ異星人」のこと
★5「お茶くみせっちゃん」こと瀬筒義久氏。「サンケン」の社長
★6 1990年4月、KBCラジオは報道、情報番組主体の大型編成KBC-INPAXを立ち上げた

「PAO～N」の後番組「3P」の紹介記事。「ラジオに執着心がない」と今とは真逆な言葉が逆に新鮮に感じる。（弊社刊「ラジオパラダイス 1990年7月号」より）。

中島浩二

タレント・inpax「ナイトスロープ3P」
（月～金曜午後9時～深夜1時）

沢田アナを継ぐ新パーソナリティ

おすぎが一喝した、ラジオに執着心のない男

1965年12月1日、福岡県久留米市生まれ。西南学院大学卒業後、サラリーマンをしていたが、大学の先輩から引っ張られて制作会社へ。ハワイのDJ、カマサミ・コングから「キミは虫に似ている」と言われた経験あり

KBCの名物番組「PAO～
オ異星人」の後を次いで、4月
した「ナイトスロープ3P」。そ
ティを務めているのが、写真の
中島浩二。番組を始めての感想
「前の番組をやってた沢田（幸
れていた理由がわかりましたよ。
延長してくれると、放送時間が
嬉しいです。以前は阪神ファン
今は長時間試合ファンですよ」
という答え。前任の沢田幸二
かったため、かなりのプレッシ
では、と思っていたのだが。
「僕は裏方の人間です
アナウンサーが出てく
ぎです。やっても一～
このあまりの執着心
すぎから怒られたとい
「最初の1～2週間は
やたらとハイ・テン
げで途中でアゴが疲
ことと言ってること
今はペース配分を考
力抜いてます」
ラジオは今まで
のミキサーとして
ら、KBCの深夜
お一も」に出演。
ビのファンから「
ジオを聞きます」
をもらった。
「でも夢はですね、
高校生が出演する

ました。

次の夜ワイドのパーソナリティは誰なんだろうって思ってところに、窪田さんから「じゃあお前がやれ」って指名をいただいたんです。「とんでもない！」ってびっくりしました。ラジオで本格的に喋ったこともないし、テレビ「ドォーモ」ではちょくちょく出ていましたが、それもレポーターが足りなかったので、制作会社の社員として出ていただけでした。

でも窪田さんは「中島は今後ディレクターでやっていくんだろ？　だったらその修業のために2、3年やってみたら？」っておっしゃるんです。ウラ側だけじゃなく、「オモテ」を知っていたら今後の番組制作の役に立つだろう、って。

それだったら、って引き受けました。その番組が「3P」【★7】ですね。誰か適任が現れるまでのつなぎだと思っていたんですけど、結局、月～金

★7 1990年4月～1996年3月まで放送。当初のタイトルは「ナイトスロープ3P」

曜のワイドを丸々7年もやることになりました（笑）。

ただ、窪田さん以外は「僕」という人選に誰ひとり納得してなかったと思います。「PAO～N」にしか顔を出してなかったし、局長や重役陣も「誰？」って思っていたはずです。普通だったら若手のアナウンサーを起用するところですからね。窪田さんには足をむけて寝られないです。

なぜ僕が指名されたのか…。窪田さんにはよく「PAO～N」終わりにご飯を食べに連れて行ってもらえたんですけど、そんなときに酒を飲んでいろいろ話していて…気に入ってもらえたんですかね。よくわからないですね。

窪田さんはしゃべりに対する指示をほとんど出さない方で本当に好きにやらせてもらいました。ただ、面白くなかったら「面白くないよ！」とは言うんです。これ、けっこう厳しいんです（笑）。僕が24歳で、久保田さんは31歳でした。みんな若かったですね。

M3

FM進出

FM福岡でただただ「面白い」を目指す

KBCラジオ「3P」に抜擢されてほどなく、今度はライバル局であるFM福岡から声がかかる。変化を求めていたFM福岡の「起爆剤」の役目を担うことになる。

本番中の様子を見学していると、カフの操作は頻繁に行われていたのが印象的。これも聴きやすい放送を第一に考えているからだろう。

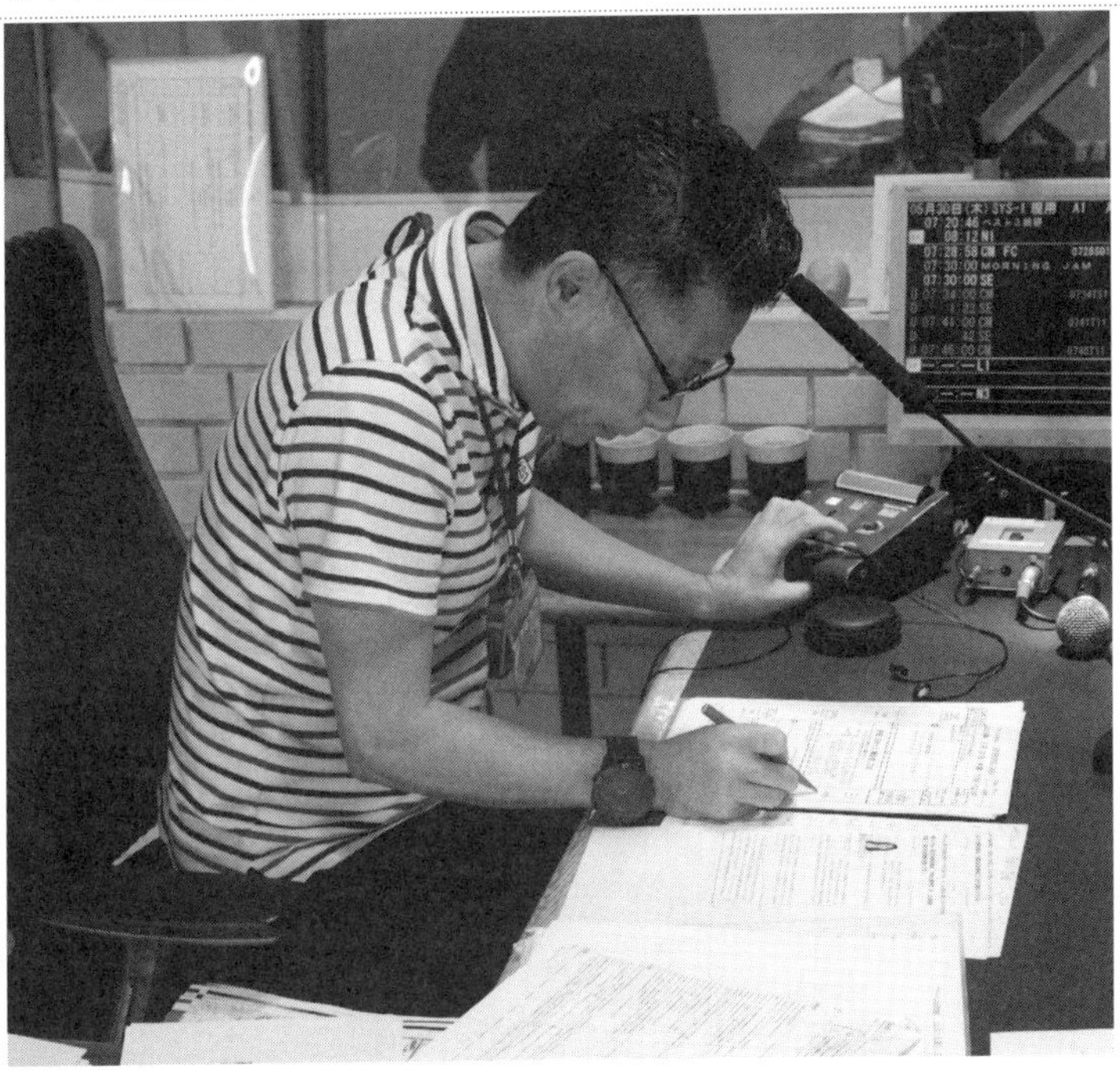

25歳のとき、制作スタッフとしてFM福岡に呼ばれました。金子さんっていうやり手の編成の女性がいらっしゃったんですけど、TFM系の「ワールド・オブ・エレガンス」【★8】とかそういうムーディな感じから、ハマラジ【★9】やJ-WAVEみたいな都会的でスタイリッシュなスタイルに変えていきたいって希望があったんです。そうしないとFM局として生き残っていけないって危機感を持っていたんですね。

金子さんはKBCまで菓子折をもって挨拶に来られて、「サンケンさんと仕事をしようと思っています」とおっしゃった。窪田さんは不

★8 クラシックピアノやフルートなどで演奏された曲と細川俊之の語りで構成された番組。TOKYO FMをキー局に全国で放送（1976-1993年）
★9 FMヨコハマが本社移転を期に変更した愛称

在だったんですけど、いまでも「あのとき俺がいたら絶対に『うん』とは言わなかった」って言いますね（笑）。

FM福岡に行って、午後の番組を半年担当しました。裏方としてです。その後、新しい番組を2年やるんですけど、その途中から僕がしゃべり始めました。自分で企画したことを「あー、もう自分でしゃべっちゃおうかな」って思ったんです。FM福岡からも「しゃべっていただいた方がいい」と言ってくれました。

考えてみたら僕の中では「裏方」と「演者」っていう明確な境目がないんですけど、こういうところからも来ているんじゃないかなと思います。あるときから編集をしなくなったり、Qシートを書かなくなっただけで、今でも喋っていない時間は企画を考えています。その意識は変わっていないですね。

こうして、FM福岡でもしゃべるようになるんですけど、僕のしゃべりが〝FM的〟じゃなかったので、はじめはいろいろ言われました。局からも「ちょっとしゃべりが長くないですか?」とかね。でも「面白いか面白くないか、それだけだと思います」って答えていました。

FM福岡でびっくりしたのが、プロフィール用紙に「声質」を書くところがあったことですね。昔のFMの人って声の良さがウリだったんですよ。僕は声も良くなければ、話し方だってきちんと習ったことないんです。まあ、D研で発声とか滑舌とかはやりましたけど、学生レベルであって大したものじゃない。サンケンの社長に「ここ、なんて書きましょうか?」って聞いたら『ツヤがなくて毒々しい』でいいんじゃない?」って言うのでそのまま書きました（笑）。

〝負けず嫌い〟ではなく…

当時はレーティングもAMラジオの方がだんぜん高かったから、団地とかを回って自分でチラシを配ったりしてました。一軒一軒ポスティングするんですよ（笑）。

よく〝負けず嫌い〟って思われることもあるんですけど、実は自分の中では負けることもそんなに嫌いじゃない。「ひっくり返す」のが楽しいんですよね。どうやって勝てばいいかなとか、勝ち方を考えることが楽しいんです。

「5千枚ぐらいコピーしてもいいですか」と頼みこんで、会社の後輩を連れて行ってひたすらポスティングしました（笑）。

そんな努力が効いたのかは分かりませんが、その番組が2年、続く月・火曜日の昼間を3年、そのあとべーさん【★10】と入れ替わりで月〜金の朝の枠、つまり「モーニングジャム」を担当することになりました。32歳の時です。

★10 たけうちいづる。FM福岡の元アナウンサー

M4

番組本出版

「おもろい家族」で不動の人気に

「モーニングジャム」といえばまず思い浮かぶのが、リスナーのおもしろ家族エピソードを紹介するコーナー「おもろい家族」。このコーナーを書籍にした「おもろい家族本」はローカルラジオの番組本としては異例の部数を誇る。コーナー、書籍はどう生まれたのだろうか？

「モーニングジャム」を始めるに当たって、サンケンの社長が「普遍的なおもしろさのあるコーナーをやりたい」と発案して「おもろい家族」をスタートさせました。

もともとは、盆や正月に親戚が集まったとき、毎年毎年まったく同じ話題でみんながゲラゲラ笑ってることってあるじゃないですか？　なんでおっちゃんおばちゃんは毎年毎年同じ話するんだ、っていうやつ（笑）。でもそういう話って、はじめて聞いたときは間違いなくおもしろいんですよね。そんなネタがどこの家族にも一つぐらいあるんじゃないかっていうのが社長のアイデアで、リスナーから募集することになったんです。

ラジオでしゃべっていつも思うのは、幸せな人もそうじゃない人もたくさんいるということ。

「すっぽんコール」【★11】にしてもそうですけど、世の中には不妊で苦しんでる人もたくさんいるわけですよ。そういうことを「わかって」やっているかどうか、そこはとても大きいと思うんです。家族についても同じで、もしかしたら今は家族がバラバラな人がいるかもしれない。仲違いしているかもしれない。そんなこともわかったうえで、「でもやっぱり、家族っていいな」と、いま幸せじゃなくてもそう思えるようなコーナーだったらいいなって思ってます。

もちろん、始まった当初はそんなことは全然考えていなかったんですけどね。このコーナーが僕を成長させてくれたんです。

地方のラジオ本としては異例の人気に

「おもろい家族」の本が出たのはまだ3年目でした。僕が最初「本を出したい」って言ったとき、FM福岡からは「えっ⁉」って言われました。「面白いのはわかるけどね…」と。現物を目にしたら気持ちが変わるかもしれないと思ったんで、何作品かをピックアップして、ライターを呼んで書いてもらったんです。そしたらね、ぜんぜん違うんですよ。違うっていうか、「ふつう」になってたんですよね。

こうじゃないんだよ！って言ったら「それは『本』じゃないです！」って言われて。「普通に『本』を読みたい人はそれじゃ面白くない」ってことらしいんです。言い回しとかいろいろ違うと。でも、

★11 リスナーの安産を祈願するコーナー

「おもろい家族本」は合計5冊発行されている。書店でのサイン会はもちろんのこと、観覧に来た人が本を持ってくれば、気軽にサインしてくれる。

依頼した僕としては「ラジオを楽しんでる人」に買ってもらたいわけですから、そこに食い違いがあったんです。

　そんなわけで、僕がぜんぶ編集することにしたんです。「なかじー、こはまちゃんおはようございます」とか「いつも楽しく聞いています」っていう導入もそのつど入れてるんですよ。僕の声が想像できるように、という工夫をいろいろ詰め込んであります。

　はじめての「家族本」を出したときは、まったくどれくらい反応があるのかわからないから不安も大きかった。「発売日にサイン会するよ」って告知したんですけど、当日、書店が入っているデパートまで歩いて行ったんですけど、すごく長い買い物の行列を追い越しました。ふと「何の行列だろう」って思って見返したら、それが「おもろい家族」リスナーの行列だったんです。番組が始まって3年目、しかも1コーナーのスピンアウト本ですからね、それはもう嬉しかったです。

増刷もされてそれも売り切れたんで、すぐに2冊目を出しました。それは局から出せって言われたからです（笑）。

そのあと夜の番組が始まったりして忙しくなっちゃったので、ずっと出せずにいたんです。ようやく、サンケンから独立して仕事が整理できたタイミングで「帰ってきたおもろい家族本」というのを出すことができて、4冊目【★12】からはCDを付けました。これはかなり迷ったんですけど、音で聴いた方が楽しい話もありますし、なにより視覚障害者の方からたくさん感謝の声をいただいたので、結果として良かったなと思います。

このあいだ出た5冊目【★13】も好評をいただいてまして、増刷はしないことに決めているんで、もう市中にはほぼないような状態です。最初と比べると、ひとつひとつの投稿作品が長くなっているようで、採用数をうろ覚えでやっていたこともあって、出来上がったらこんな厚さ（※368ページ）になってしまいました（笑）。

★12「聴ける！おもろい家族本」
★13「聴ける！おもろい家族本伍ノ伍」

M5

不動の人気DJに
“街の人気者”であるために

「モーニングジャム」を福岡のナンバー1ラジオに押し上げ、さらにはKBCラジオでもずっと番組を持ち続けている中島。日本でもっとも忙しいラジオパーソナリティと言っても過言ではない。彼の仕事へのモチベーションはどこにあるのだろうか。

毎日しゃべっていて「よくネタが尽きないね」って言われるんですけど、その点について悩んだことはほとんどありませんね。興味って年齢によってどんどん変わるので、興味を持ったことにどんどんとハマり込んでいけば、話題はいくらでも生まれてくると思うんです。

たとえば7年前、独立して事務所を構えたとき、税理士さんに観葉植物をもらったんですけど、枯らせたくないから水をシュッシュしたりしてるうちにどんどん興味が出てきて調べたりして、いまではかなり詳しいんです（笑）。やっぱりね、ごく普通に生きていく中でのエピソードが大事なんじゃないでしょうか。逆に「いま話題の〇〇」って聞きつけてインターネットで検索するとかって、それ、実は興味のないことなんじゃないかって気がします。

いっとき、映画のことをちょこちょこしゃべってたら、映画館が年間パスを出してくれたことがありました。番組内で『今週末に試写会があります』って聴いても、なかなか足が伸びないよね、映画の話題を聴いて、『いまヒマだから今行こう』っていうのが大事だよね」って話をしたら、「好きなだけ見て下さい」って3年もパスを出してくれた。太っ腹ですよね（笑）。

もちろん、リスナーの方全員にピッタリと合う話題なんか存在しないので、今日はこの層にピンポイントだった、次の日はこの層に……という繰り返しが大事なんじゃないかと思います。あとはニュース。時事問題には昔から興味があるので、分からないことがあれば徹底的に調べます。これはラジオとは関係なく僕の性分に近いですね。

時間帯によるトークの使い分けについては基本的にあまり考えません。夕方を担当して【★14】2年になりますけど、いまはいろいろ試しているところですね。朝は「心地よく」というのは大きいと思います。「今日は仕事しよう！」って気にさせるとか、変なことを言っても爽やかに、とか。夕方はちょっとゆったり目のほうがいいかなとか、その程度ですけど。番組の時間が短いとトークがノって行けるまで時間が足りなかったりするので、そこが課題かなと思ってます。

“楽しませる”ことの“苦しさ”

こういう仕事って「自分が楽しむことが大事」、とか「自分が楽しければ楽しさが伝わる」って

★14 KBCラジオ「夕方じゃんじゃん」（月～金曜16時～ 17時55分）。中島浩二は月、火、水、金曜を担当する

よく言いますけど、僕は意外とそうは思いません。楽しませることって、やっぱり苦しいことですよ。スタッフにもクオリティの点を厳しく求めていて、一緒にやるメンバーはかなりキツいと思います。大事なのは〝なにが面白いか面白くないかを自分で判断する〟ということ。その判断をおろそかにして番組を作ってる人が多いように感じます。チャレンジしてみて失敗だったら仕方がないですし、思惑通りに行かないことがほとんどです。でも、僕が読むネタ、例えばクイズのコーナー【★15】があるんですけど、この問題もスタッフの扱い方ひとつでかなり変わってくるんです。

クイズって僕の番組ではとても大事なファクターなんですけど、全国どこのラジオを聴いてもすごく簡単な問題だったりして、僕自身がぜんぜん楽しめないものばかりなんですよね。「モーニングジャム」のクイズは、リスナーもたぶん1年で解ける問題が10問あるかどうかってレベルにしてあるんです。解けたときに「やった！　今日はわかった！」って喜びがあった方が絶対に楽しいと思うんです。「世界でいちばん多い苗字はなんでしょう」とか、絶対わかんない！って一瞬思うんですけど、良く考えれば分かる。人口が一番多いのは中国。それに韓国にも同じ苗字があるから「李」さんが答え。こういう名作は、聴いてる人の心にずっと残ったりするんです。加えて、ただ難しいだけじゃなくて、例えば今日出した問題も単純に「野球、卓球、ボクシングに共通することは何でしょう?」だったら面白くない。それを「何マンでしょう?」って書いたことで、答えやすい上に、僕が拾うことができてトークが盛り上がったんです（※次ページ写真）。

僕がどういう風にトークを展開するかを想像することができるか、番組へ思い入れの差ですよ

★15　「問題です！」。FM福岡で専用ページもあり、バックナンバーも見ることができる

「モーニングジャム」の「問題です！」も名物コーナー。福岡のある企業の朝礼はこのコーナーの話題から始まるという話も。

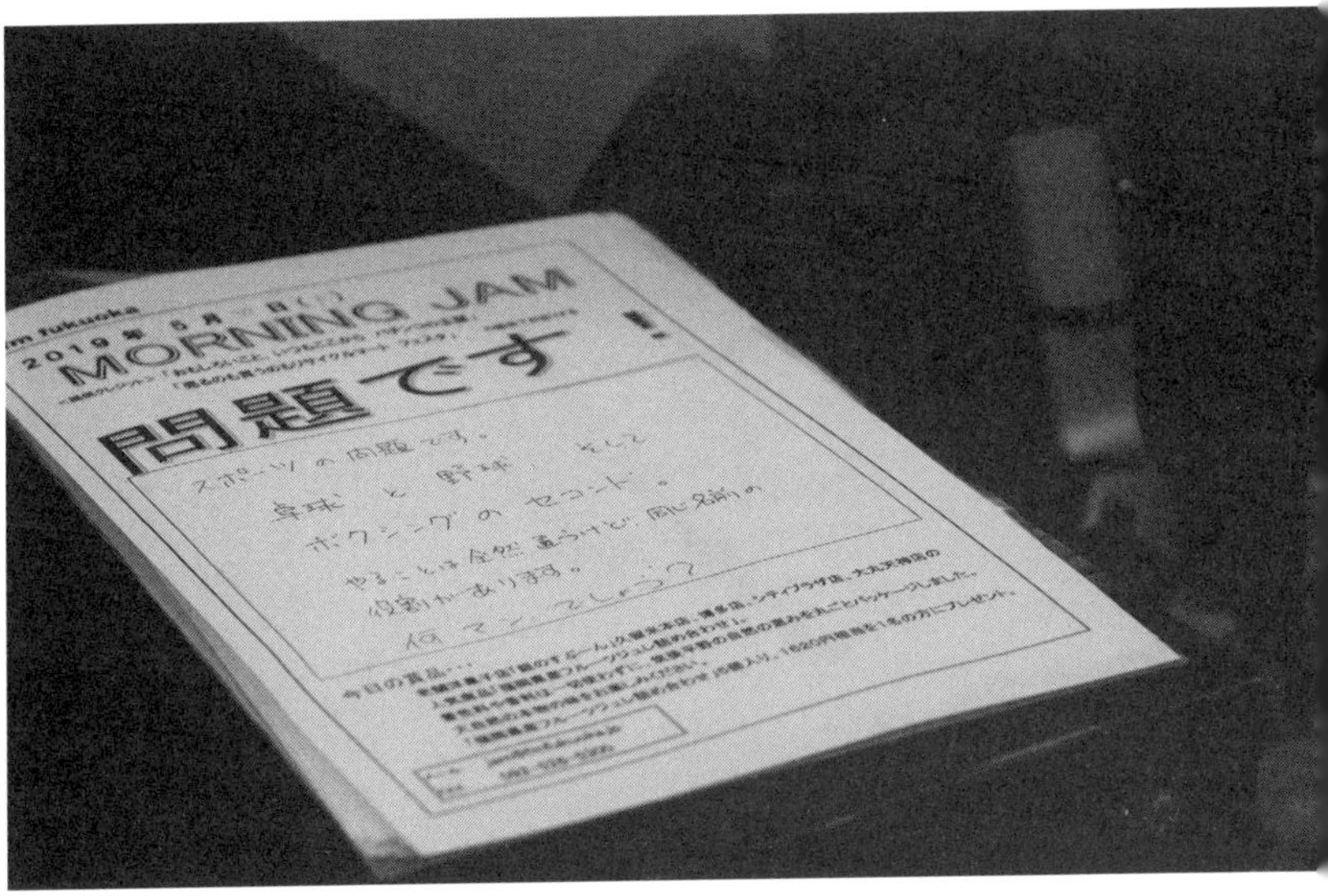

ね。そこを理解して仕事ができるかどうかがすごく大事なことだと思うんです。まあ、いまどきの番組の作り方とはちょっと違うかもしれませんね。単純に毎日おなじ作業を漫然と繰り返すようなスタッフだと、ちょっと一緒にはやっていけない。そういう意味でも、制作側としゃべる側に大きな差はないという話につながると思うんです。

いまやってる「うどん祭」が始まったのも、番組中に「ウエスト【★16】って『いろんなものが食べたい！』って店に入っても結局は〝かき揚げ月見うどんといなり寿司〟に落ち着いちゃう」って話を番組で2、3回したら、リスナーから「〝なかじーセット〟食べてきました！」ってメッセージをもらったのがきっかけなんです。FM福岡のウエスト

★16　福岡に本社を構えるうどんチェーン店。全国に展開している

担当の営業を呼んで、「こんなメッセージが来たけん、かき揚げ月見といなり寿司のセットを１００円下げてくれんか訊いてきて」って(笑)。どう考えても無理ですよね、普通。１００円って相当ですよ?　でも、ほどなく営業が帰ってきて「いつからやりますか」って(笑)。このレスポンスの速さ!というわけで、毎年大々的にやらせてもらうことになりまして、いまはオリジナルのうどんを考案して提供していただいてるんです。

こういうことをやるとすごく〝おカネ〟って感じる人もいるみたいですけど、これ、レギュラーメニューには採用されませんからね。レギュラーメニューにするとこの値段じゃ出せないんですよ。お店にはかなり価格を抑えてもらってるんです。こういうスピード感でいろいろ巻き込んで企画が進んでいくとやっぱり気持ちが良いですね。番組を「創ってる」っていう感覚があります。

健康管理について

オフですか?　週に1回は15キロほど走ってます。途中1回はインターバル入れますけど、1度にそれくらいは走ります。というのも、ずっとサッカーをやってるんです。辞めたいって何回も言ってるんですけど辞めさせてもらえない(笑)。いちおう福岡市の4部リーグなんですよね。山笠もあるんで練習にはあまり参加できないですけど、体力は維持しておかなきゃいけない。

ある売れっ子のタレントさんが「ひとつの番組をヒットさせるのはそれほどでもないけど、複数

FM福岡本社1階にあるAIGスタジオには、雨天でも楽しめる観覧スペースがある。そこにはマイクが設置されており、スタジオ内とやりとりが可能。曲間や放送終了後にお客さんたちとコミュニケーションを取るなど、リスナーサービスは手厚い。

「この前こんなことがあって」と気軽に話しかけられる
〝街の人気者〟でいたいって思ってます

の番組をヒットさせるのが難しい」みたいなことを言ってらっしゃって、それは体力的な理由なんだろうなってひしひしと思います。30代のなかばくらいまではこんなこと一切考えてなかったですけどね。いまは、せっかく聴いてくれている人をがっかりさせたくないんで、コンディションだけは整えてしゃべりたいと考えてます。

とはいえ、今日はけっこうヘロヘロだったんですよね（笑）。一昨日「モーニングジャムジャム」が終わったあと博多駅に行って、ビールの試飲イベントに行って、夕方から「じゃんじゃん」でKBCに行き、そのあとまた博多に戻って試飲イベントに行って。昨日はジャムとじゃんじゃんのあとに「中島探偵団」っていう長いコーナーを2週分録りに行っての今日のジャムです。さすがに仕事を「趣味」とか「遊び」とは言えないですよね（笑）。

リスナーとの距離感

最初、公開生放送をやれって言われたときは「イヤだ」って言ったんですよ（笑）。ラジオってあんまり見せるものじゃないからって。そしたら（サンケンの）社長直々に怒られたんですよね。「お前のところがやらなくてどうするんだよ！」って。

だったら、っていうんで、マイクとスピーカーを付けてもらって、観客のみなさんと会話できるようにしたんです。

他の番組を聴いていてずっと思ってたんですけど、サテライトスタジオからの放送って、目の前に来ている人のことをしゃべっちゃって、聴いてる何十万人が置いてけぼりになってることが意外と多いんですよね。それがいやだったんで、ラジオを聴いている人のことを意識しながら、観に来てくれた目の前の人たちにはＣＭ中とか曲間とかに話しかけることにしたんです。最後に「今日来てくれた人」として下の名前だけ呼ばせてもらってます。

ギャグで自分のことをＤＪって自称することもあるんですけど、「パーソナリティ」っていう風に考えたことはないですね。ＤＪにしても自虐的に「こんなＤＪいるか?」とかって言うことがあるくらいで。

基本的には「街の人気者」でいたいって思います。距離感の問題なんでしょうけど、リスナーに「俺たち親戚みたいなもんだろ」って良く言うんです。街で見かけたとき、話しかけてみたい、ちょっと話し込んでみたい、番組を見に行ったときに喋ってみたいと思われるような存在でありたい。写真撮ってはい終わり、じゃなくて、「この前ね、こんなことがあったんですよー!」とか言ってもらえる、そういう距離感を作れたら理想的ですね。

なんか偉そうに聞こえますね。すみません。

それから、ＫＢＣの沢田幸二さんには、いろんな事を勉強させてもらいました。感謝しています。勿論、今まで私と一緒に番組を担当してくれた全てのスタッフに感謝です。

ローカルラジオスター

2019年8月1日 第1刷発行

著者　ラジオ番組表編集部
発行者　塩見正孝
発行所　株式会社 三才ブックス
〒101-0041
東京都千代田区神田須田町2-6-5 OS'85ビル
電話　03-3255-7995
http://www.sansaibooks.co.jp

装丁　細工場
印刷・製本　株式会社 光邦

[ラジオ番組表編集部]

4月と10月のラジオの改編期にムック「ラジオ番組表」を発行。新番組情報のほか、全国106局の最新タイムテーブル、周波数データなども網羅。

Twitterアカウント： sansai_radio （三才ブックス・ラジオ班）

[STAFF]

文・写真　上野 準
編集　梅田庸介